U0634794

包装设计应用与实践

罗爽爽　著

中国民族文化出版社

北 京

图书在版编目（CIP）数据

包装设计应用与实践 / 罗爽爽著 . -- 北京 : 中国民族文化出版社有限公司, 2024.5（2025. 6 重印）

ISBN 978-7-5122-1876-5

Ⅰ . ①包… Ⅱ . ①罗… Ⅲ . ①包装设计 Ⅳ . ① TB482

中国国家版本馆 CIP 数据核字（2024）第 087901 号

包 装 设 计 应 用 与 实 践
BAOZHUANG SHEJI YINGYONG YU SHIJIAN

作　者	罗爽爽
责任编辑	张　宇
责任校对	孙　洋
出版者	中国民族文化出版社　地址：北京市东城区和平里北街14号
	邮编：100013 联系电话：010-84250639 64211754（传真）
印　装	三河市同力彩印有限公司
开　本	787mm×1092mm 1/16
印　张	6
字　数	138千
版　次	2024年05月第1版
印　次	2025年6月第2次印刷
标准书号	978-7-5122-1876-5
定　价	52.00 元

版权所有　侵权必究

前　言

　　如今的包装设计具有平面设计的全部基本特征，有着相对独立的知识技能范围和丰富的视觉传播效力，同时注重包装材料的研究及环保设计，确已超出了仅仅对包装物具有良好保护功能的单一特性，成为商品与消费者沟通的媒介与载体。我们编写本书的目的在于通过对包装设计史的回顾以及对当代设计前沿的许多经典产品包装的赏析与研究，帮助读者对包装设计形成一个较为理性的认识，同时，本书也有助于提高读者的审美意识，对视野的拓展也有一定的帮助。

　　从美学角度分析，包装设计是艺术；从功能方面看，包装设计是屏障，保护商品；从宣传方面看，包装是媒介，用于传播。

　　包装虽然形式多变，但其本质或规律是一致的。所有的包装设计都包含以下四个要素：谁对谁说？要说什么？在哪里说？要达到什么效果？

　　要做到对以上问题有足够的敏感性，就需要在实践中不断积累，不断应对挑战，获取与众不同的问题解决路径。

　　本书将理论部分与应用部分科学地结合在一起，一是可以避免枯燥乏味的文字符号相互罗列组成的理论体系所带来的说教感，无法体现读书的趣味性及实用性；二是将审美及对于人们艺术观的培养通过图文并茂的表达方式注入读者的内心。这应该是本书的亮点所在。同时，我们通过对国内大量优秀经典作品的赏析，给大家一些启示，使包装作品更加深入完善。

　　包装设计在我国所面临的情况和其他国家相比也存在着差异。我国虽地大物博，但人口众多，对于自然资源和能源的利用务必要做到节约。在追求包装外观美的同时，更要注意摒弃奢华不实且毫无意义的"视觉沉沦"。简单就是美。但简单并不意味着敷衍与粗制滥造，简单也不是机械地罗列和复制，而是化繁为简、去粗取精后的那份简约。我们主张包装要简明扼要、紧扣主题地将产品的品质特性传达给消费者和受众。好的包装要让人过目不忘，展示其独特的魅力，激发消费者的购买欲望，以实现包装的深层特性。同样，崇尚自然、简朴和单纯是当今时尚潮流的主要特征之一。商品包装的广泛应用性和价值意义要求从事包装设计的人员必须对包装相关知识深入学习，有效练习和把握包装相关的技艺。形成这些能力的前提条件是要弄明白要解决的问题是什么，这要靠知识与科学思考来完成；然后是如何解决问题，这要靠方法和技能的掌握。本书争取在这方面给大家一些启示。

　　本书内容主次有序、深入浅出、新颖独特且通俗易懂，但受作者学识和时间所限，所涉及知识仍有不足之处，望读者批评指正。

目　录

第一章　包装设计概述

一、包装释义

"含义"是词、句所包含的意义。正确理解包装的含义，有助于把握包装设计的内涵，树立正确的包装设计观，把握包装设计的规律和方法。

《辞海》一书中，"包"有"包藏""包裹""收纳"的含义，篆字的"包"是母亲孕育孩子的形象，生动地表现了"包"的状态。"装"既可以理解为"装""藏"，也可以理解为对事物的修饰点缀。"包装"两个字本身就体现出包装的保护和美化的功能。

东汉许慎所著《说文解字》中，对"包""装"分别有这样的解释。

包：象人裹妊，巳在中，象子未成形也。元气起于子。子，人所生也。男左行三十，女右行二十，俱立于巳，为夫妇。裹妊于巳，巳为子，十月而生。男起巳至寅，女起巳至申。故男季始寅，女季始申也。凡包之属皆从包。

装：裹也，从衣，壮声。

可见，"包"与"装"意在表述物品的包裹、贮藏、携带、运输等。手工业时代，包装承载的主要是贮存、运输等功能。随着社会经济文化的发展，产品被大量地"复制"以适应大生产的需要。可见包装作为一种载体，在不断完善其实用功能的基础上，要不断适应社会发展，以满足人们的实用和审美需求，同时包装的发展也体现了时代的特征（如图 1-1-1）。

图1-1-1　奶粉罐设计

包装同时具有名词、动词属性，包括物质的和行为的两个方面。物质的是指盛装商品的容器、材料及其辅助性物品，即包装物（如图1-1-2）；行为的是指实施盛装、封缄、包扎等技术活动，即包装的过程。

图1-1-2 食品包装

我国对包装的定义是：为在流通过程中保护产品、方便贮运、促进销售，按一定技术方法而采用的容器、材料及辅助物等的总体名称，也指为了达到上述目的而在采用容器、材料和辅助物的过程中施加一定技术方法等的操作活动。应该说，这一定义既包含了包装的过程与目的，又包含了包装的结果与状态，概括了产品包装的内涵。

以下是其他国家对包装概念的表述：

美国：包装即使用适当的材料、容器，配合适当的技术，能让产品安全地到达目的地，并且以最低的成本，能够为商品的储存、运输、配销和销售而实施的准备工作。

英国：包装是为货物的存储、运输、销售而做的技术、艺术上的准备工作。

加拿大：包装是将产品由其供应者送至广大顾客或消费者，而能保持产品处于完好状态的一种手段。

日本：包装即使用适当的材料、容器、技术等，便于物品的运输，并保护物品的价值，保持物品原有形态的一种形式。

综上所述，包装这一概念在不同文化背景、不同地域有一定的差异。但总体说，包装概念中收纳、保护、美化、宣传的属性都是不可或缺的（如图1-1-3、图1-1-4）。

图1-1-3 冰激凌包装

图1-1-4 饮料包装

包装的概念随着时代的发展也在不断变化。如今很多宣传推广活动及行为也被称为"包装",例如对演员的包装、对企业的包装、对活动的包装等。随着社会的进步,包装的概念也会随之进一步丰富和扩展。

包装是一种人为活动,然而在自然界也有许多与之相似的事例。世间万物,许多都是带着天然的包装出现的。大气层对于地球、地壳对于地幔都可以看作一种包装。植物的皮、壳,动物的毛、皮也可以视为包装。

我们看核桃那造型别致的外壳,"设计"是何等精巧,对于里面娇嫩的果仁无异于一身坚硬的铠甲,在适宜的条件下可以自由地打开,萌发新的生命。鸟类绚丽多彩的羽毛既可遮蔽风雨,亦可展示和炫耀,这与商品包装在功能上具有很多的相似性,从自然规律中学习借鉴,也应当是我们理解和学习包装的一种方式。

二、包装设计

包装设计是指有目的地对包装的结构、形态和视觉传达进行的设计,是一门综合性较强的专业,要求从业者具有较宽的专业视野、理性的思维与艺术表现能力(如图1-1-5、图1-1-6)。

图1-1-5 矿泉水包装1

图1-1-6 矿泉水包装2

包装容器设计既要考虑容器造型的美观,又要从技术层面考虑材料的选择、生产工艺的合理、成本的可控，以及使用和保护功能。

包装结构设计大致可分为外部结构设计和内部结构设计，应该从包装的基本功能出发，依据科学技术条件综合考虑包装的内外部结构。优秀的包装结构设计应以有效保护商品为目的，并应考虑其陈列、使用、携带、装运等方面的便利和材料的可降解与重复利用等。

包装视觉传达设计是指通过图形、文字、色彩等视觉元素传达产品信息的活动，目的是起到准确传达产品信息、塑造商品形象、便于识别认知、提升产品附加值和促进产品销售的作用（如图1-1-7）。

图1-1-7 巧克力包装

社会的发展，文化的变迁，科学技术的进步，以及人们生活方式的转变不断赋予包装设计新的内涵（如图1-1-8）。市场营销、消费行为、传播、美学以及环境等多学科知识的交叉与运用，促进了现代包装设计的进步与发展。一件优秀的包装设计应是产品造型、包装结构与信息的视觉传达三者的有机结合与统一，只有这样，才能充分地发挥包装的功能和作用。

图1-1-8 轻型PET瓶饮品

三、包装的价值

18世纪工业革命后，随着资本主义经济的发展，现代包装出现在商业活动中并逐步确立了自身的价值。1945年之后，商业的繁荣助推了包装产业的发展，同时，包装设计成为现代设计领域里的重要组成部分。

包装源于人类文明之始，其本意来自"保存与保护"。人类制造容器以保存水和食物，建造房屋以遮风避雨，剥取兽皮来保护身体⋯⋯时至今日，在商业环境下对物品的保存与保护仍然是包装的主要功用。可以说，现代包装是人造物智慧的延续和进步的体现（如图1-1-9）。

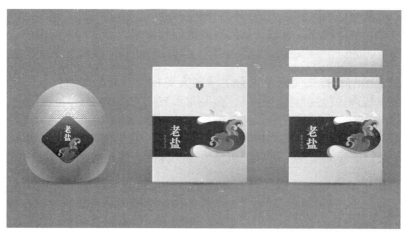

图1-1-9 食盐的包装

包装不仅因为它是商品的"卫士"，同时，也是商品的"无声推销员"。现代包装具有强大的信息传播功能，这使得包装无论是在传播商品信息、促进商品销售，还是建立品牌形象方面都有着不可替代的作用。走进超市，每件商品都在通过包装无声地宣传和推销着自己。作为商品"漂亮的外衣"，设计精美的包装在美化人们生活的同时，也影响着消费者的选择和购买行为。而今包装设计的视觉形式风格在某种程度上也成为视觉时尚的风向标。

由此可见，包装既是商品的"保护者"，也是"推销者"和"美化者"。现代包装是商业文化的产物，包装产业的发展程度往往也标志着一个地区的商业发达的程度，体现出科学技术与生产能力的进步水平。从视觉传达角度看，包装往往也展示了一个时代的审美趋向和潮流。今天看，包装不仅是人类科学与艺术智慧的结晶，它的方式和形式也一定会随着人类文明的发展不断地演进。

从世界包装组织（WPO）"世界之星"奖的评选标准，我们可以看到当今对包装功能与价值的具体要求。首先是包装对商品的保护以及"开启方便、使用安全"，它体现了包装最基本和原本的属性。其次是"具有销售吸引力""体现商品属性"，这两条体现出包装在营销方面的商业价值。"平面设计美观大方""结构设计独特、创新"以及"包装制作精美"三条标准体现了包装的审美价值。"节约材料、降低成本"以及"有利于环境保护、可回收"则体现出在可持续发展主题下包装的生态价值。由此可见，围绕人、商品、环境，此评选标准综合给出了具体指标。优秀的包装设计也正是集这些价值于一身，从各个角度满足人与社会不同层面的需求。

四、包装的意义

包装的社会意义体现在物质和精神两个方面。从物质角度，包装对于社会生产力的提高有助推作用。产品的流通与销售逐步成为经济活动的主要内容，产品的竞争促使包装设计水平迅速提高，起到间接刺激经济发展的作用。

包装产业规模的不断增长，影响了社会生产的各个领域，如与包装原材料相关的伐木、造纸、玻璃、金属制造等行业，或与包装生产相关的机械制造、印刷等行业，以及与包装回收相关的环保、回收行业等，由此可见，包装的发展与变化牵动着社会经济的相关领域。如何有效地回收资源，避免污染与浪费，有利于人类物质文明的进步与发展，已成为当今全球经济可持续发展的重要命题。

物质文明与精神文明密不可分。早在人类社会的原始时期，人们就懂得用各种手法来装饰、包装器物，可见，包装自形成之初就承载了人们对美的精神诉求。在我国手工业发展进程中，包装的形式从陶器、木器逐步发展为漆器、青铜器、瓷器等多种形式。这些器物大多都装饰华美，很多器物上的纹样也成为今天研究传统装饰的经典案例。可以说包装也是一种便于传达信息和情感的载体。

当今构建美的视觉环境已成为社会进步的标志之一。随处可见的商品包装自然成为现代生活中的视觉元素。人们在使用包装的同时也从包装中获得美的体验，并潜移默化地改变着我们的审美品位和取向。市场经济的激烈竞争也促使包装设计与时俱进，在满足受众物质需求的同时，构建着人们的视觉空间。

五、包装设计的传达

产品生产的最终目的是销售给消费者。营销的重点在于将定价、定位、宣传及服务等，予以计划与执行后，满足个人与群体的需求。这些活动包含了将产品从制造商的工厂运送至消费者的手中，因此营销也包含了广告宣传、包装设计、经营与销售等。

随着消费者选择的增加，市场竞争也逐渐形成，而产品之间的竞争也促进了市场对于独特产品与产品区分的需求。从外观的角度考虑，如果所有不同品牌的不同产品（如蔬菜、面包、牛奶、化妆品、箱包等）都以相同的包装来进行售卖，所有产品的面貌将会非常相似。

产品设计必须突出产品的特征及产品之间鲜明的差异性，此差异性可以是产品的成分、功能、制造等，也可以是两个完全没有差异性的相似产品。营销的目的只是为商品创造出不同的感知，营销人员认为能将产品销售量提升的首要方法就是制造产品差异。

若要吸引消费者购买，包装设计则应提供给消费者明确并且具体的产品资讯，如果能给出产品比较（像某商品性能好、价格便宜、有更良好的包装）则会更理想。不论是精打细算的消费者或是冲动型的顾客，产品的外观形式通常是销售量的决定性因素。这些最终目的（从所有竞争对手中脱颖而出、避免消费者混淆及影响消费者的购买决定）都使得包装设计成为企业品牌整合营销计划中重要的因素之一。

包装设计是一种将产品信息与造型、结构、色彩、图形、排版及设计辅助元素做连接，而使产品可以在市场上销售的行为。包装设计本身则是为产品提供容纳、保护、运输、经销、识别与产品区分，最终以独特的方式传达商品特色或功能，因而达到产品的营销目的。

包装设计必须通过综合设计方法中的许多不同方式解决复杂的营销问题，比如头脑风暴、探索、实验与策略性思维等，都是将图形与文字信息塑造成概念、想法或设计策略的几个基本方法。经过有效设计，产品信息便可以顺利地传达给消费者。

包装设计必须以审美功能作为产品信息传达的手段，由于产品信息是传递给具有不同背景、兴趣与经验的人。因此，人类学、社会学、心理学、语言学等多领域的涉猎，可以辅助设计流程与设计选择。若要了解视觉元素是如何传达的就需要具体了解社会与文化差异、人类的非生物行为与文化偏好及差异等（如图1-1-10）。

图1-1-10 茶叶包装设计

心理学与心智行为目的的研究，可以帮助我们了解人类通过视觉感知而产生行为的动机。基本语言学知识 [如语音（发音、拼写）、语义（意义）与语法（排列）] 可以帮助设计人员正确地应用语文。另外，像数学、结构和材料科学、商业及国际贸易，都是与包装设计有直接关系的学科。

解决视觉问题则是包装设计的核心任务，不论是新产品的推广或是现有产品外观的改进，创意技巧（从概念与演示到 3D 立体设计、设计分析与技术问题解决），都是设计问题得以解决的创新方案。设计目的不在于创造纯粹视觉美观的设计，因为只有外在形式的产品不一定有好的销售量。包装设计的首要作用就在于通过适当的设计方案，以创造性的方法达成销售的目的。

包装设计主要将"表现"作为创意方法，我们应注重的是产品表现，而非个人风格的彰显，不应该让设计师或销售人员的个人偏见（不论颜色、形状、材料或平面设计风格）过分地影响包装设计。在形体与视觉元素相互作用的创意过程中，将情感、文化、社会、心理及资讯等吸引消费者的因素表现出来，传达给目标市场中的消费者。

六、包装设计的目标

1. 目标消费者

消费者购买决策的文化价值与信仰所产生的影响力不可小觑：潮流、趋势、健康、时尚、艺术、年龄、升迁和种族等，都通过包装设计的操作而在商场内展现。社会价值的投射也成为许多包装设计所设定的特定目标，而其他设计所传达的价值是符合更广大的消费者的。在有些品牌或包装设计的例子中，我们发现它们是以感知价值来锁定特殊消费者的。（如图 1-1-11）。

图1-1-11 精致手工烘焙的糕点包装

2. 设计目标

包装设计的目标是建立在相关营销背景与品牌策略的目标上的。营销人员或制造商如果能提供包装设计详细具体的信息与精确要点，则会是最理想的状况，比如通过下面一些问题可更多了解包装设计的需求：

谁是顾客？有哪些营销方法？

产品定位决定了该产品在零售市场中的位置，并提供设计的基本方向。当营销因素被界定后，包装设计的目标就会越来越清晰。包装设计的方法取决于目标的设定，如新产品的开发，既有品牌系列的发展，或品牌、产品及服务的重新定位等目标。

一般说，包装设计的目标针对的是特定产品或品牌。因此，产品包装设计可以下面这些内容作为依据：

（1）强调产品的特殊属性。

（2）强调产品的美观与价值。

（3）维持品牌系列商品的统一性。

（4）增加产品种类与系列商品之间的差异性。

（5）发展符合产品类别的特殊包装造型。

（6）使用新材料并发展可以降低成本、环保或加强机能的创新结构。

包装设计应该定期做评估才能跟得上不断变化的市场需求。虽然度量、指标或其他测量方法的使用很难准确判断特定包装设计的价值，但营销人员会通过收集消费者反馈并分析比较来重新评估，这些方法会帮助营销人员判定包装设计是否达成预期的目标。然而我们不能将最后的销售情况完全归结于包装设计上，许多变数来自于顾客的消费行为。在迎合消费品牌的市场目标时，产品开发人员、产品制造厂商、包装材料制造厂商、包装工程师、营销人员及包装设计师，最终都是决定包装设计成败的关键因素。

第二章　包装设计的发展史回顾与展望

在漫长的历史长河中，包装始终伴随着人类文明的发展。包装艺术浓缩了具体时代的物质生活特征。在这一历史发展过程中，世界各民族在各个地区及不同的历史文化发展时期内，通过包装反映其文化特征、文明程度、思想情感等。世界包装史的演变从某种角度也体现和反映着人类发展的历史进程。从人类意识到需要用兽皮、树叶遮体的那一刻起（如图2-1-1），包装便开始受到人们的重视。随着社会经济文化的发展，包装也在马不停蹄地朝着特定历史时期的目标阔步向前。除了用来盛放、包裹、储存物品外，包装还可用来宣传商品的信息。只要有人类的地方就有交易，就有商品的存在，没有一个人会对包装视而不见，相反，人类的审美需求被延伸至商品的包装上。

第一节　古代的包装

一、上古时期的包装

1.原始形态的容器

自远古以来，人类运用大自然提供的材料以多种方式设计着不同的包装，初步认识了包装的一些功能。旧石器时代，分布在世界各个角落的原始居民学会了利用来自大自然的礼物，如用石块、葫芦、竹藤、树条、兽皮等材料制作出各式各样的容器，这些容器主要用于储物或方便搬运物品，是人类最早的利用自然的绿色包装物，制作形态的包装最初只是一种自然行为。由于受当时的生产资料及生产力条件的制约，同时为了满足人们的生活所需，早期的包装所使用的天然材料在有意无意中保护了生态环境。这些绿色原材料不仅可以被反复使用，就算废弃掉也会很快地被分解掉，回归大自然。古时的人类设计出的包装在材料与结构上虽然简单、粗糙，但却为后人留下了经典的宝贵遗产，使我们不得不为包装的创造而赞美人类的聪明才智。

图2-1-1 远古人用兽皮遮盖身体

如粽子是具有中国特色的文化遗产，时至今日人们依然沿用苇叶或箬竹叶包裹糯米，粽子是端午节不可缺少的食品（如图2-1-2）；中国的南方地区的一些少数民族用竹筒盛装食物，既方便储存、携带，还可以直接煮或烤，一举多得（如图2-1-3）。

图2-1-2 用苇叶包裹糯米做成的粽子

图2-1-3 用竹筒盛装食物

2. 陶器

陶器出现于新石器时代，由于可以用来贮存物品所以被作为包装概念的最初承载者。由于农业技术的发展，人们利用和制造生产工具的技术也随之提高，陶器的发明便是伴随这一发展而出现的。人类选择在有利于生存的环境中定居并从事劳作，为了满足储藏、烧煮、搬运、装饰、祭祀和陪葬等日常活动需要，生产出了陶器。储藏和烧煮是人类利用陶器的两大主要功用。在生产陶器的过程中，人类智慧不断提高，在加工制作方面采用了很多令今天的人们都叹为观止的独特技艺。远古人类改变了原料本来的属性，获得了更多新的特性，包括可塑性、防虫、防腐、耐用等。集以上特性于一身的新型包装储藏器物被大量的制造和改进。随着生产力的不断提高，剩余产品增加，从而出现了商品交换。自然而然包装便成了商品的一部分。在这一历史时期，农业和手工业的社会大分工和科学技术的进步使得专门从事商业的早期"商人"出现，他们横跨不同地区，将具有本地区特色的"商品"交换到另一地区，而为了保护产品，便于储藏和携带，"包装"的设计和研究悄无声息地进入了自觉阶段。陶器的出现，是古代包装史上的巨大进步，它是最早的人造包装容器（如图 2-1-4 至图 2-1-6 ）。

图2-1-4 左为舞蹈人纹彩陶盆，右为旋纹彩陶尖底双耳瓶

图2-1-5

左为商代晚期白陶罍，中为周代末期彩釉珠纹盖罐，右为西汉明器红陶白衣彩绘盖罐

图2-1-6 左为半山型双耳罐陶器，右为马场类型陶器

3. 青铜器

在我国商周时期，人们加工出的青铜器造型丰富多样，仅作为容器就可分为水器、酒器、食器、烹饪器等。部分青铜器的器身造型与盂如出一辙，将其分开更成为两个盛器，合并便形成一个密封的容器了，具有容器包装的功能（如图2-1-7、图2-1-8）。图2-1-9为曾侯乙青铜尊盘。尊是古代的一种盛酒器，盘则是水器，曾侯乙尊盘融尊盘于一体，出土时尊置于盘上，拆开来是两件器物，极其别致。古人的制造工艺以及对于装饰关系法则的运用在青铜器身上体现得淋漓尽致。

图2-1-7 左为青铜"伯多父"簋，右为青铜"丰"卣

图2-1-8 错金银云纹犀尊

图2-1-9 曾侯乙青铜尊盘

二、中古和近古时期的包装

1. 漆器

通过对出土漆器的考古研究发现，漆器出现在陶器之后。1976年，在浙江余姚河姆渡遗址中发现了距今约7000年的木胎漆碗与漆筒。商周时期，虽然漆器的发展相比陶器、青铜器要缓慢，但漆器也已具备较高的工艺水准。漆器直到战国时代才进入鼎盛时期。图2-1-10是战国早期的彩绘漆鸳鸯化妆品盒，具有可以转动的鸳鸯头部造型，整体形态栩栩如生，具备包装造型的基本功能。图

2-1-11 为双层九子漆奁，是专门放置梳妆用具的器物，器身分上下两层，连同器盖共三部分。在之后的历史发展中，镶嵌漆器（如图 2-1-12、图 2-1-13）、剔红漆器（如图 2-1-14）等漆器品种的出现，使漆器成为中国传统工艺品中的一枝奇葩，不断绽放。

图2-1-10 彩绘漆鸳鸯化妆品盒

图2-1-11 双层九子漆奁

图2-1-12 螺钿花鸟纹黑漆经箱

图2-1-13 螺钿紫檀五弦琵琶捍拨（局部）

图2-1-14 铅胎百子图剔红盒

2. 金银器

金银器在东周时期就较为发达,春秋时期楚国的金银器很出色。战国时期由于金银产量增加,其制品也就多了起来,但大多也为小件饰品。经过了秦汉和六朝的发展,隋唐时期成为我国金银器史上的辉煌时期,原因是当时经济高度繁荣,王公勋贵竞相奢靡,对外贸易需求量增大,使隋唐金银器在数量、工艺、装饰等方面都达到了最高水平(如图2-1-15、图2-1-16)。对于贵重奢华或宗教信仰物品,对其保护而施加包装的材质就会很自然地选择了贵气的金银,表面并以繁复的纹饰装饰。图2-1-17为法门寺地宫七重宝函,里面包藏着佛教的圣物,包装的材质由外向内一层比一层贵气,装饰繁复,制作精细,给人以富丽堂皇的美感,同时集中了锤凸成像、鎏金、镶嵌等多种工艺技术,体现了唐代金银器制作工艺的杰出成就。

图2-1-15 唐代鎏金银龟盒

图2-1-16 唐代银香囊

图2-1-17 法门寺地宫七重宝函

3. 瓷器

在中国，瓷器无论是作为一种包装容器还是艺术藏品，地位都举足轻重。"瓷器"与"中国"在英文中同为一词，充分说明瓷器的精美绝伦完全可以作为中国的代表，而其历史之悠久、应用之广泛、影响力之大都是其他种类的容器无可匹敌的。中国的瓷器史基本可以分为青瓷、白瓷、彩瓷三个阶段，之前还在战国时期经历了半瓷质陶器的过渡期。到了东汉时期，瓷质日趋纯正，瓷胎细致，釉色光亮，釉和胎的结合日臻完美。直到今天，瓷器不仅是工艺品、日用品，也是一种常用的传统风格的包装容器，用于像白酒、黄酒、酱制品等的包装（如图2-1-18 至图 2-1-20）。

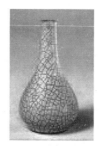

图2-1-18
左为北宋耀州窑牡丹纹瓶 右为北宋哥窑胆式瓶

图2-1-19
左为北宋定窑刻花梅瓶，右为明代永乐甜白瓷瓶

图2-1-20
左为明代永宣时期青花海水龙纹扁壶，右为清乾隆釉里红瓶

（4）织物

中国纺织历史起于何时，今无定论。从考古实物看，早在新石器时代就有了纺轮一类的纺织工具。在河北藁城台西村商代遗址和甘肃永靖商代遗址出土的麻布实物，其细密均匀的程度，完全可与现代细麻布相比。从汉代画像石、画像砖中，可以看到秦汉时期的一些织物包装，如《弋射收获图》画像砖，下部为收获图，一人挑担提篮，手中提的是装水或盛饭的包装容器，外部裹有织物（如图2-1-21）。

图2-1-21 《弋射收获图》（局部），东汉画像砖

（5）纸张

自从东汉蔡伦发明纸以来，由于纸张质地柔软，价格低廉，人们很自然地用纸包装物品。直到今天，纸仍然是包装的主要材料。在《汉书》中就有纸作为包装材料的记载。1957年在西安灞桥发现的一座西汉古墓中的纸，据称是用来包裹或衬垫青铜器的。在敦煌悬泉发现的三件西汉残纸上面有药名，大概是用于包裹药物之用。从东汉初开始，纸代替竹帛用作书籍的材料。现存最早的纸书为晋人写本《三国志》残卷。到唐代开始使用书函，它是用木板或纸板所制，用于保护书籍的，可以说是书的包装。

中国印刷术的产生，大大推动了包装的发展。印刷术经过各种工艺技术的改进，至宋代成为完美而精湛的艺术。技术与方法的改进，使得印刷的范围不断扩大，越来越多地被用于商业中。中国国家博物馆所藏的我国现存最早的包装资料，是北宋山东济南刘家功夫针铺的包装纸，铜板雕刻，上面横写"济南刘家功夫针铺"，中间是一个白兔商标，从右边到左边竖写"认门前白兔儿为记"，下半方有"收买上等钢条，造功夫细针"等广告文句，图形标记鲜明，文字简洁易记。它是融标志、包装与广告三位为一体的设计（如图2-1-22）。

图2-1-22 北宋山东济南刘家功夫针铺的包装纸

可以看出，从远古时代的兽皮包裹到各种民间包装，包装的发展历程充分体现了人的创造力，它们是劳动人民智慧的结晶。包装的功能由保护及容纳物品的原始功能，提高到了具有识别性功能和宣传性功能，这应该是人类在商品销售上的一大进步。

（6）其他

除了上述列举出的容器外，其他材质的容器如玉器、木器、琉璃、石器等均有使用（如图2-1-23至图2-1-25）。不同地域的文明在使用容器方面基本存在着相似的经历。如古埃及人制作木乃伊和以手工方法熔铸或吹制玻璃器皿；古希腊人非常擅长使用石材，还用木板箍桶来酿酒，甚至还能造出像"特洛伊木马"那样巨大的容器（如图2-1-26）；早期墨西哥人制作出用于烹调和储存的陶器等。

图2-1-23 兽面纹玉卣

图2-1-24 素面圈足琉璃碟

图2-1-25 枫叶纹蓝色琉璃盘

图2-1-26 特洛伊木马

第二节 近代包装设计

1.国外

18世纪60年代，西方爆发了工业革命，机器的发明和能源的开发，促进了产品质量的提高。而人们在选择商品时不仅关注产品质量，同时也开始注意产品外观的美感等问题，这时的包装开始起到美化产品的作用，具有一定的审美价值。

1798年，逊纳菲尔德发明了石版印刷术，实现了着色印刷，大大推动了包装事业的发展。1799年，法国人制造了世界上第一台造纸机，将中国的人工造纸技术转化为机械化生产技术，进而推动了纸业包装的发展。1837年，用金属罐装食品的方法开始被采用。1856年，英国人发明制作出了瓦楞纸包装衬垫。1868年彩色印铁技术得以发明，色彩艳丽的颜色可以直接被印在铁皮上，盒子的造型设计也趋向多样。1879年，美国公司设计制造出模压折叠纸盒包装。1897年瓦楞纸盒面世。1911年，英国正式开始生产玻璃纸。美国和欧洲又研究出多种玻璃纸和聚乙烯塑料等新材料，被用于商品的包装中。

19世纪后期，品牌产品开始出现，尤其是在一些香烟的包装上，出现了许多富有浪漫色彩和异国情调的名称，这些商标名称赋予产品不同凡响的魅力。厂家们开启了一整套设想来润饰他们的品牌，以增加人们对品牌的信赖感。

20世纪初期，新艺术运动对包装设计与风格产生了巨大的影响。包装设计冲破了过去设计领域的旧框架，在品牌设计中体现的时代风格，深深地打上了新艺术运动的烙印。

20世纪中期，女性更多地参与商业活动，加之人们休闲时间的增加，刺激了新的包装设计观念和现代设计风格的产生，市场更加重视包装设计。这一时期产品包装设计的特质是以强烈鲜艳的色彩搭配和抽象的几何形为主，包装的平面设计变得更为大胆，改进了早期过分装饰的设计风格。

2. 国内

我国近代产品的包装，是从 1840 年鸦片战争以后慢慢发展起来的。当时清政府软弱无能，西方帝国主义列强不仅对我国进行军事侵略，还对我国实行经济掠夺，极大地压制了我国民族工业和包装事业的发展。所以，那时外国洋货、洋品牌几乎充斥了我国市场。英国烟草公司输入我国的老刀牌香烟，日本倾销到我国的仁丹药品等，这些商品包装图样都带有一种弱肉强食的帝国主义风格。此外，还有一批外商产品的包装采用中国民间故事、神话传说作为题材，如"桃园结义""麒麟送子"等，目的是迎合广大中国消费者的喜好，最终长期占领中国市场。辛亥革命以后，我国民族工业产品增多，产品包装也越来越多，题材大多数是表示吉祥、祝福等寓意的，如龙、凤、虎、鸳鸯、牡丹、和合二仙、五子登科、福禄寿等。还有一些外来的其他内容，如以"摩登"女性形象作为题材。

20 世纪 30 年代，在火柴盒和布匹等商品包装上出现了宣传国货、宣传爱国、唤醒民众的文字和图案。天津东亚毛呢纺织有限公司生产的抵羊牌毛线，原来叫抵洋牌，后因为这个商标词在当时很可能会招致麻烦，于是设计者决定将"抵洋"改为"抵羊"，一语双关，包装图样采用两只山羊死死相抵、决不退让的画面表达抵制日货的情绪。这在当时我国民众抵制外国入侵的革命热潮中，是最富于时代特征的例子。

第三节　现代包装设计

1. 国外

20 世纪 30 年代末至 40 年代初，美国开始出现了自选商店，因具有快速、方便、节省人力等优点，很快从美国推广到其他国家，并很快发展成面积在 2000 平方米以上的超级市场。20 世纪 70 ~ 80 年代，超级市场规模宏大，销售的商品范围广、数量巨大。没有售货员向顾客介绍商品的内容，使得货架上成百上千的同类产品，只能靠自身的包装去吸引顾客，包装成为"无声推销员"。产品包装设计通过图形、文字、色彩、材料与造型等视觉语言的作用，明确商品的用途、功能与各种属性，并能显示消费者的阶层、性别、年龄及地区等信息，从而使包装具有销售和广告宣传的价值。现代包装不仅仅是一种商品宣传媒介，而且成为市场竞争的手段之一。这一时期商品包装得到迅速的发展。

2. 国内

1949 年之前，由于连年战乱，中国的传统包装工业一度陷入工厂倒闭、人亡艺绝的境地。1949 年，中华人民共和国成立。在第一个五年计划时期，由于国家的重视，包装工业才有了一定的恢复和发展。这个时期兴建了一批制作纸、塑料、金属、玻璃等包装材料的工厂，其中很多发展成为我国 20 世纪 80 年代以后的包装材料生产基地，为之后包装工业的长足发展奠定了基础。

1980 年以前，我国包装行业没有形成体系，包装工业相当落后，无论是机械设备、原辅材料，还是加工工艺及设计制造水平都很低，技术力量严重不足，人才奇缺，包装成了国民经济发展中的一个极其薄弱的环节。1980年我国包装工业产值仅为72亿元，占社会总产值的0.8%。

随着改革开放和科学技术的发展，我国现代包装工业体系逐步形成并迅速发展。近年，我国在医药、食品、化工产品等的包装设计方面，无论是材料选择、加工技术，还是各项功能特点，都具有相当高的水平，特别是在包装结构造型设计和产品包装设计方面，在国际市场上赢得了荣誉。我国包装行业经过多年快速发展，包装工业总规模已跻身世界包装大国行列。2021年中国包装行业累计完成营业收入12041.81亿元。我国已经成为全球发展最快、规模最大、最具潜力的包装市场。

第四节　数字化营销环境下的包装设计新思路

众所周知，保护商品与促进销售一直是产品包装的两大基本功能，从另一个角度看，保护商品完好的最终目的，也是为了促进销售。因此，在很大程度上，无论是针对高端的材质研究，还是针对包装的设计研究，都必须基于销售这个目的而展开。

随着数字化社会的快速发展，消费者的信息接收渠道与消费方式都发生了根本性的变化。包装设计作为企业的重要营销手段之一，在数字化营销战略的指导下，也悄然地发生了变化。包装设计不再是一个独立的设计项目，而是营销设计的一个部分，包装设计方案和营销策略有着千丝万缕的联系。

数字化营销带火了网络销售，与传统消费方式相比，网络销售突破了时空的限制，实现了企业与消费者之间的实时双向互动。在传统消费方式下，包装对消费者的购买选择起到至关重要的作用，好的包装能够引导人们做出消费决定。但是在网络消费如此普及的今天，传统的零售店正在逐步萎缩，包装如何发挥作用呢？这个课题值得好好去研究。

在传统营销模式下，产品用包装设计来吸引顾客的眼球，从而影响消费者的决策。在这样的商业模式下，各种包装设计层出不穷，华丽的装饰、高档的材质、繁复的结构争奇斗艳，但是在数字化消费流程中，尤其是在电商模式下，消费者只有在拆开快递包裹的瞬间才能够真正地接触到包装，在这种情况下，包装的促销功能将会被重新审视与思考。

在数字化消费营销中，包装设计已经不能够单纯地从艺术与材质的角度构思和设计，它更应该围绕包装与营销策略、品牌塑造、消费者互动、心理学的关系来开展设计创作。把包装融入整个营销策划的系统当中，让包装在数字化营销过程中成为重要的一环，它才能够在如今的商业环境下迸发出新的生命力。这就要求包装设计师在数字化营销环境下，不但要重视材料与美学的创新，而且更应该考虑包装与营销策略如何去对接和配合的问题。

看几个案例，第一个案例是"姓氏罐"。2022年1月，为了推崇"吉"文化，王老吉首次推出了"姓氏罐"，希望可以与消费者共同分享新年到来的喜悦，同时展开了一场声势浩大的营销传播活动。一时间，"周老吉""苏老吉""黄老吉"等霸屏各社交媒体，"王老吉姓氏罐"话题也成为品牌年度话题Top1，荣登微博潮物榜 Top1。从销量上来看，王老吉姓氏罐成为当年定制产品系列的销量冠军（如图 2-4-1）。

图2-4-1 王老吉姓氏罐

中华姓氏是传统而古老的文化符号，陪伴每个人一生，也代表着每个人骨子里的归属感、认同感。为了满足消费者的个性化需求，王老吉结合姓氏这一中国传统文化符号，突破技术壁垒，运用品牌定制罐的技术革新，将姓氏文化与产品结合，率先推出姓氏罐，将品牌与消费者关联。掀起消费者与品牌之间的互动狂潮，传递"人人有吉、家家大吉"的理念。

从"姓氏罐"这个案例当中，我们看出数字化营销环境下的包装设计特点，在于挖掘每一个人内心的认同感，建立基于社群的情感联系，触及消费者的内心，并且让他们主动分享与互动，这当然不单单是对瓶身的简单设计，还将文化符号融入包装设计进而融入整个营销方案之中，让消费者有了更好的消费体验。

第二个案例是乐事薯片。现在的年轻人都喜欢跟各种各样的物品自拍，然后发到网上去，只要这些物品在外形上是好看的、有趣的，他们都喜欢拿来自拍，使得照片更加有趣。下图这款乐事包装就结合了人们爱自拍的这种表现，通过几种不同的卡通猴脸让人们和包装互动，帮助消费者以一种新奇有趣的方式在社交平台上展现自我，不仅满足了当下年轻人的表现欲，还能够使品牌以产品为载体，通过网友自发传播（如图 2-4-2）。

图2-4-2 乐事薯片

包装的互动化设计是企业营销策划一体化的延伸。它通过积极开发包装与消费者之间的互动关系，实现包装价值的最大化。在数字化营销环境下，它将以更主动的方式与消费者接触。包装的互动化设计，主要体现为包装自身的娱乐性等三个部分，即品牌形象文字、广告宣传文字和功能说明文字。

一、文字设计

1. 品牌形象文字

品牌形象文字包括品牌名称、商品品名、企业标识和企业名称，这些文字代表产品形象，是产品包装平面视觉设计中最主要的文字，一般被安排在主展示面上和较醒目的位置，要求精心设计，使其富有鲜明的个性、丰富的内涵与视觉表现力，能使消费者产生好感并留下深刻印象（如图2-4-3）。

图2-4-3 小仙炖鲜炖燕窝

2. 广告宣传文字

在产品包装的平面视觉设计中，有一些文字是宣传商品特色的促销口号、广告语等。这部分内容必须真实、可信，设计要简洁、生动，要遵守相关的行业法规。它一般也被安排在主展示面，但视觉表现力不能超过品牌名称，避免喧宾夺主。

3. 功能说明文字

功能说明文字是商品的功能与使用内容的详细说明，其中有些文字是相关行业的标准和规定，具有强制性，不是由设计师和企业决定的。功能说明文字的内容主要有产品用途、使用方法、功效、成分重量、体积、型号、规格、保质期、生产日期、生产厂家、地址、电话、注意事项、清洁保养方法等信息。这些文字通常使用可读性较强的印刷字体，主要被安排在包装侧面或背面，有的也被安排在包装正面的次要位置；也可印成专门的说明文字附于包装盒内，一些药品在小包装内另附有详细的说明书（如图2-4-4）。

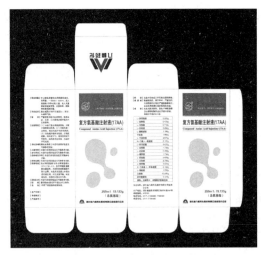

图2-4-4 药品包装设计

二、产品包装中文字的设计原则

1. 良好的传达性

　　文字是人类进行信息交流的媒介，这是文字最基本的功能。无论是品牌形象文字、广告宣传文字还是功能说明文字，都必须遵循这一基本原则。有些文字设计很有创意，但可读性差，难以辨认，这就失去了文字传达信息的意义。今天，在琳琅满目的商品包装中，消费者在每一件包装上的视觉停留时间只有不到一秒的时间，想要抓住消费者的视线，文字的可辨识性、可读性就显得尤为重要，特别是品牌形象文字无论怎样变形、装饰、夸张，都要求简洁、明快、易懂、易读、易记。

2. 明确的商品性

　　不同形态的文字所表现出的视觉心理感受和情感特征是不同的，所以，在设计文字时，一定要充分考虑包装内容物的商品属性，尤其是品牌字体的设计，要突出商品的性格特征，强化它的视觉形象的表现力，使表现的视觉特征符合商品本身的属性，即形式与内容要统一，如具有女性特质产品的品牌文字，可采用较纤细柔和的字体，充分表现女性柔美温和的特性（如图2-4-5）。

图2-4-5 香朵朵·茉莉花茶

3. 整体的统一性

在产品包装设计中，一般有多种内容、多种形式、多种风格的字体设计同时出现在包装版面上，这时无论是中文、拉丁文还是数字等，都要求文字与文字之间能相互统一，相互协调。特别是在品牌形象文字的设计风格上，更要相互关联，有机统一，给人一气呵成的整体感。否则，会显得杂乱无章，直接影响包装的信息传达，也影响消费者整体的视觉印象（如图2-4-6）。

图2-4-6 王老吉X和平精英联名罐

4. 独特的创新性

想要在众多的商品中吸引消费者的注意力，必须使包装的视觉形象具有独特、鲜明的个性。成功的文字设计是达到这一目的的有力手段，所以在产品包装的文字设计中，要充分利用形象思维和创新思维，设计出富有个性、别致、新颖的文字形式，以区别于其他同类商品包装的文字，给消费者留下独特的视觉感受和良好的视觉印象，达到销售商品的目的。

三、产品包装中文字的编排设计

在产品包装设计中，应使所有的文字都处在一个恰到好处的位置，符合人的视觉习惯，让人流畅地把所有文字读完。这就要求有一个合理的文字编排设计，先读哪些文字，后读哪些文字，有主有次，使消费者的目光能随着设计者的意图来阅读，达到良好的阅读效果。

一件包装设计往往需要使用多种字体。因此，字体间的互相配合与协调关系就成为十分重要的问题。

1. 包装的商品名称和品牌形象文字是主要文字，一般被安排在最佳视域。文字的色彩与背景的关系应处理得当，字体大小的搭配要适中，几种字体、字号间应拉开适度的距离，层次分明。

2. 要处理好主要文字与次要文字之间的关系。字体种类的搭配要协调，通常在一个画面中，不宜选择多种字体，最好不要超过三种，否则，容易产生杂乱、不和谐感。有些字体在画面上可以处理成线的感觉，有些可以构成面的感觉，这样容易使画面整体不零乱且富有节奏感；对有些需要强调的字可以做特别的处理，如放大突出或加装饰等。

3.汉字与拉丁字母的配合要协调，要找出两种字体相对应的共同点，如宋体与罗马体、黑体与无饰线体等，尽量使两种字体之间有内在的联系，使其既变化又统一（如图2-4-7）。

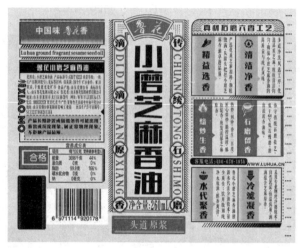

图2-4-7 小磨芝麻香油

如果文字较多，可以通过以下几种排列来达到整齐统一而又富于变化的效果。

（1）左对齐排列：是指每一行或每一段内容的开头字，排在同一行的第一格，形成前面对齐的排列效果。

（2）右对齐排列：是指每一行或每一段的末尾均安排在同行的最末格，形成后面取齐的排列效果。

（3）居中对齐排列：是指以中心为轴向两边排列，或左右，或上下，中心要居中。

（4）左右强制对齐排列：是指文字的开头和结尾都在同行同格，这种排版方法在视觉上十分规则，使用率较高，一般用在说明文字上，但有时会显得单调呆板。

（5）自由排列：根据实际需求，文字的每一行按一定的节奏变化，自由排列。可以直排、斜排；可以网格式排列；可以沿一定的曲线、弧线、圆形排列；也可以在大文字中套排小文字，还可以文字和图形混合排列。

自由排列最能体现设计师熟练的排版技巧和审美水平。自由排列一定要有内在的视觉规律，要与其他设计要素相呼应、协调，否则就会零乱松散，不利于对文字的阅读。

四、包装设计与图像设计

1. 摄影

包装中最常使用的图像是摄影照片，可能是彩色的、黑白的，也可能是双色套印的。照片被制作出来，用以展示产品外观、说明产品功用、传达产品优点或是集中体现品牌的精髓。有时候，照片的内容是说明性的，它告诉消费者这个盒子里装的是什么。而有时候，照片可能是隐喻性的，它试图通过一个图像来凝聚一种感情或情绪，使欲望或需求得到满足。摄影是表现品牌承诺的一种直观方式。品牌承诺必须快速传达，而图像在吸引并维持消费者的注意力方面发挥着独特作用。摄影照片具备使一个品牌不同于另一个品牌的能力，内容的选择、摄影的风格、图片的处理以及再加工时对彩色或是黑白的选择，都有助于一个品牌从其他品牌中脱颖而出。

消费者在面对要在两到三种产品中做出选择时，摄影有助于揭示产品特点，传达它的价值、风格与追求。摄影风格尤其重要，因为它与品牌个性及产品定位息息相关。一般来说，包装中用彩图多过黑白图，图像的构成与采光、场景的修饰与背景、图像的润色与加工等都影响着消费者对品牌的认知及品牌个性的理解，并帮助他们对产品是否合用做出判断（如图2-4-8）。

图2-4-8 贾国龙功夫菜

2. 插图

从出现的历史顺序看，插图是包装中最早用来表现图像的方法，随着摄影技术的出现和印刷技术的发展，插图在包装上的运用逐渐减少，但插图仍与当下的包装设计密不可分。

（1）有一些包装技术和印刷方法不适合使用照片。平版印刷或丝网印刷制作的图像都不能超过四种颜色，这是油墨印刷到材料表面的方式决定的。

（2）插图在构图、色彩、光影、材质上可以尽情处理，达到理想的艺术效果。由于插图往往是运用艺术绘画的手法创作，所以插图本身就是装饰绘画，就是艺术作品。

（3）更好地传递传统文化。现如今国货觉醒，可谓是风头正劲，中国的文化自信在各种风格的艺术创作中展现得淋漓尽致。我们看到一个又一个老品牌，不断进行品牌年轻化和创新，通过崭新的创意和新式美学不断给我们惊喜，同时改变了在年轻消费者心中的刻板印象，成为文化自信的优秀代表。随着全球经济的一体化、全球化，世界商品的流通越来越快，不同国家传递着不同国家和民族的优秀文化。只有民族的才是世界的，被更好地印证。

（4）更好地创新。新时期艺术与技术在不断更新发展，插画创作手法越来越多样化，已经从传统的手绘发展为数码绘制，从二维扩展到三维，数量众多的数码绘制软件，如 Ps，Ai，Procreate，3D，C4D 层出不穷。设计师只有主动地融入这个时代，才能够创造出与时代相符的作品（如图 2-4-9）。

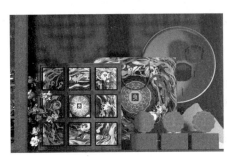

图2-4-9 良品铺子敦煌联名礼盒

3. 图形与符号

图形与符号在设计中得到越来越多的使用，这是由于它们所具有的强识别力及其普遍适用的特性。路标系统就是提供有用信息的最好例证，无论你在世界的什么地方，或者你说什么语言，你都能从一个路标警示中知道路前方有一个右拐的弯道，或者前面有一个陡峭的斜坡。图形与符号能够快速而又简明地传递信息，因此在包装设计中得到广泛使用。

一幅照片能够强有力地表达出品牌主题，而一个图形与符号同样也能做到这一点。图形与符号能非常有效地概括出品牌主题，不仅吸引了消费者的注意而且迅速准确地传递了信息。决定使用图形与符号还是插图和摄影，也是构成品牌差异策略的一部分。

除了作为包装的主图像，图形与符号也能用在使用说明上，或者用来辅助文字说明，就像一种独特的速记概要。在品牌全球化的时代，图形与符号有时也被用来代表不同的语言，比如人们用国旗或国家的首字母代表不同语言。图形与符号最大的优点是能节省空间，避免冗长枯燥的文字说明。

现在，图形与符号在传达环保信息、适用范围、安全警告等方面得到广泛使用。例如产品是用回收物品制造的，或可回收利用；提醒消费者该产品对某些人群的适用程度，例如素食主义者或对坚果过敏者是否可以食用；有些产品的原料成分带有危险性，或者在机械搬运的过程中容易出现问题，所以要在包装上提醒消费者注意，小心产品易燃、易坏或误用。

因此，设计图形与符号，把信息凝练到最简单的形式中去，就成为一种必要的简化练习。好的图形与符号能够超越一切文字阐释（如图2-4-10）。

图2-4-10 每日鲜语设计师联名款

五、包装设计与信息设计

一切包装都要或多或少地显示产品信息。一般情况下，这些信息可划分为几种类型，例如品牌、名称、产品种类、特征与优点、重量和尺寸，诸如此类。要放入的信息太多，能容纳信息的空间太少，常常不堪重负。然而这些都是现代消费者保护法要求产品提供的信息，也合乎品牌所有者的需要，都是为了确保消费者更好地了解产品，使消费者的需求得到更好的满足。

设计师面临的挑战，就是要以独特的方式来展示信息，既能有效地支撑品牌主题，又能够帮助消费者选择自己所需要的产品。要掌握这种技巧，就必须懂得如何有条理地编排信息吸引消费者的读取欲望。在不同的情境下——在家里、工作时或休闲时消费者会以不同的方式来解读产品信息。设计师的才能，就体现在对重要信息的把握上，要知道消费者的购买地点、决定购买产品时的心理、使用产品时的体验等，要知道哪些信息是至关重要的。在考虑包装设计的信息编排和区分信息次序时最重要的因素之一，就是消费者的购物经验。消费者并不是只有一种类型：有些消费者喜欢购物，而另一些消费者对逛街深恶痛绝；有些人善于接受信息，并据此做出购买决定，而另一些人对自己的选择能力缺乏信心，在面对众多商品时难以取舍，指望包装能够帮助他们。这种时候，知道哪些信息会影响到消费者做出决定，并据此对各种信息进行排列，就显得十分重要。一旦确定哪些是中心信息，哪些是次要信息，设计师就能借助不同的字体和编排方式、字体的大小和颜色以及其他平面设计要素——镶嵌色带、符号、图标条纹、版面等——来引导消费者注意到相关信息。在设定信息的秩序时，要考虑平衡、空间、简明以及相互协调等方面的问题，还要注意考虑字句的设计形式与内容之间的关系。在考虑信息的编排和次序时，一定不要忘了信息所服务的目的——使消费者的需求得到更好的满足。记得信息编排绝不仅仅是一种美学练习，若没有条理，内容就会一团糟。

第三章　包装设计的视觉要素与形式美规律

第一节　包装设计的视觉要素

包装设计的视觉要素主要指包装上的文字、图形、色彩等。

从视觉角度讲，具有现代感的包装设计已经融入到产品从生产到摆在货架上的每一个环节中，而包装设计中的主要视觉元素如产品外包装上的文字、图案、色彩等已经突显出其内在的表现力并延伸至产品本身，使产品的外包装具有强有力的视觉冲击力，从而牢牢地吸引住消费者的眼球，使其在种类繁多的商品中脱颖而出。

一、文字

相对于图案而言，包装设计的文字不可或缺。文字具有清晰、直截了当地诠释和说明商品特点的功能，例如，只有文字才能详细并准确地显示出产品的批号、生产日期、名称、使用方法及容量等包装信息。在包装设计中，文字分为主体文字和说明文字两部分。

文字必须做到准确无误地向消费者传达商品信息，如产品保质期、功能、用法、名称、生产者、分量等，同时包装的文字设计还要与商品的真实性保持一致，不可夸大其词、弄虚作假，欺骗和误导消费者。产品包装的文字还包括一些特定的法律规定内容，比如药品必须注明附有处方、副作用以及注意事项等。

包装上的文字的首要目的是能够使消费者便捷迅速地阅读并识别产品信息。设计师需要独具慧眼地认识潮流的发展趋势以及从实践中掌握并洞察消费者的消费心理，并最终决定选用较完美表现力的字体。每一类字体在设计师的创意中都占据着各自独立的位置。在满足了包装文字的首要目的之后，同样要重视每一类字体所具有的优雅性、权威性、趣味性等内在的情感因素。字体需根据包装物的特点进行有目的性的选择，比如包装的体积、包装文字所传达的信息量在平面中所占的比例等，这些都是必须要考虑的因素。因此，对过于复杂的字体加以限制显得尤为重要。同样，为了使自己的产品鹤立鸡群，突出品牌特点，参考和比较同类竞争商品的字体运用特点也是必要的。

包装上的印刷字体要求实现统一的视觉效果。作为产品名称和其他内容的说明性文字，要便于消费者阅读与识别。变形字、花体字等虽然具有较强的装饰性视觉效果，但其较弱的可读性使得设计师在设计过程中要非常谨慎地选择并加以处理。无衬线字体现代感极强并具有功能性诉求的特点。手写字体具有非常强烈的个性表现力并能够体现出某种内在的独树一帜的特性，能强烈调动消费者的视觉感并留下较深的识别"痕迹"。因此，多被用于品牌名称。对于字库中的书法字体应采取尽量避之的态度，由于刻板的笔画特征，以及缺乏书写过程中的自然与率性，使其难以体现出蕴涵在书写中的艺术性。

1.品牌文字

品牌文字是指商品的企业品牌名称、产品名称或产品品牌名称的相关文字。品牌文字在设计中应该作为重点设计对象，位置上占绝对优势。品牌文字的功能性体现在：一是品牌文字是消费者了解和认知商品的媒介；二是品牌文字是商品推广的重要切入点以及直接区分商品性质的重要内容。在字体的处理方面，品牌文字主要针对商品的整体形象及商品属性来选择和设计。字体要达到醒目并与商品性质一致的视觉效果，同时还要直接有效地向消费者传达正确的商品信息，从而达到画龙点睛的最佳效果。

品牌文字设计主要包括基本字形的变化和文字与图形结合两个方面。

（1）基本字形的变化

基本字形的变化是基于中文、英文的原有字形，根据企业文化和产品定位，将两者巧妙地结合在一起，设计出符合产品特性的字体（如图3-1-1）。

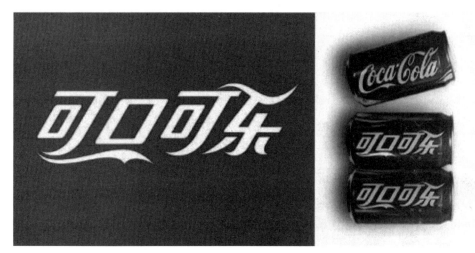

图3-1-1

"可口可乐"中文设计是把英文字体的个性融入中文字体中

（2）文字与图形结合

文字与图形结合是将品牌文字融入图形中，或是将图形融入品牌文字之中，做到形与意的完美融合。设计时应该特别注意图形与产品类别、功能性的关系（如图3-1-2至图3-1-8）。

图3-1-2

字体与图形的设计语言统一，色调和谐

图3-1-3

bahamas标志设计

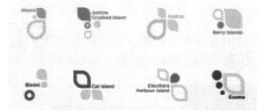

图3-1-4

bahamas标志变形

图3-1-5

将品牌图形应用到包装设计中

图3-1-6

品牌文字的图形化设计彰显了商品的品质

图3-1-7

品牌文字的图形化设计之一

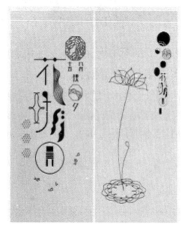

图3-1-8

品牌文字的图形化设计之二

2. 广告语

广告语的表达要言简意赅。广告语设计的首要目的是向消费者宣传商品的特性。同时，在满足了将商品真实信息传达给消费者的前提下，还要利用广告语言来突出和包装林林总总的个性化商品。（1）广告语的设计要考虑产品本身所蕴涵的文化背景、历史、功用特点等要素，竭力符合并使语言的表达能够恰如其分地体现产品的个性化元素。（2）广告语在使用语言方面要考虑到简洁性，以及词语的朴实、华丽、雅致等特点。浓缩了产品文化精华的经典广告语不仅能迅速吸引消费者的眼球，还能将文化的内涵深植入消费者的心中，并营造出一种美的意境，从而使商品的品牌及企业文化站上更高且更具品位的新台阶。简单即是美，精简雅致的几行字可以达到的目的和效果，就无需长篇大论的过分修饰。消费者购买商品时不会细细品味产品包装上密密麻麻的"长篇小说"，文字符号多少的选择要做到恰到好处（如图 3-1-9）。

图3-1-9

广告语为道家经典，以特殊的工艺展示在包装盒盖上

3. 说明文字

由于说明性文字是对产品的全景描述，因而内容和字数较多，要具备明确性与周全性，一般会采用相对规范的印刷标准字体。为了达到不同形态的字体之间设计风格相协调的目的，所用字体的种类不宜过多。另需注重主体图形、主体文字和其他形象要素之间的主次关系及秩序，使之完美协调并达到整体划一的视觉效果。重点应侧重于字体的位置、大小、疏密及方向上的设计处理，也要注重字体与产品信息的关联度，如产品成分说明的文字字号应大于产品描述性文字，营养构成的信息内容文字以不小于 8 磅字号为宜，净含量的文字内容要与包装物底部保持一定的距离，一般以 3 毫米以上为宜。

说明性文字的位置通常出现在包装的侧面及背面，要注意区分并强化与主体文字间的大小对比。为了避免喧宾夺主、杂乱无章的情况出现，说明性文字通常较多地选择密集型的排列组合方式，以确保有效地减少视觉干扰。当然，考虑到要使消费者清晰阅读并准确识别信息，对这类文字的应用有一定的特殊要求。如字体与包装物底部的距离、字体的最小值、基础文字的排列间距等均要按照要求设计。在设计花体字时，必须注意控制字体的变形程度，避免"过犹不及"。在展示标题时，要认真仔细地考量每行的字体长度、段落大小和行间距等因素。例如单行的字数不宜过多，大的斜体文字阅读起来很不方便等。总之，设计出的字体要便于消费者在使用商品时能够有效、便捷地阅读与理解产品技术信息，从而使其对商品的使用感到满意（如图 3-1-10）。

图3-1-10 文字说明的包装

印刷介质与包装印刷程序会对字体印刷效果产生一定的影响。在金属包装设计中，字体过细或横竖笔画粗细差别过大对于印刷后的字体视觉效果将产生很大的影响，从而使字体的清晰度大打折扣。因而除了协调横竖笔画粗细比例之外，通常采用边线加粗的方式来加强商标名称的视觉表现力。

说明文字信息作为体现产品品牌内在价值的有效手段之一，要做到相关信息的健全详细才能够在消费者心目中建立起优质的信誉，同时将预见到的问题全部清晰明了地表达在产品包装上，这也是对消费者的一种关怀及责任心的体现。

二、图形

图形作为视觉要素的表现形式，包含可观的内容及感性的视觉形象，并在一定的三维空间内迅速准确地向人们传达出视觉信息，又被称之为图形语言。图形在包装设计中的表现形式越来越趋于规范化和形象化。如产品的外包装箱上通常印有一只酒杯的图形，该图形语言用来警示工作人员及消费者小心轻放，而雨伞的图形向人们传达着不能受潮的注意事项。又如许多儿童商品的包装多采用可爱好玩的卡通图案，深受孩子们的喜爱，具有标志性的卡通图形跨越了语言文字符号的繁琐表达方式，直接地将儿童心仪的商品信息传达给他们且无需为了看不懂的文字发愁。因此，形象生动的图形具备了快捷有效地传达信息的功能。21世纪是"读图时代"，更为直接的视觉刺激、更为省时的阅读方式为人们带来了更为便捷地掌握商品信息的方式和机会，人们的视线更多地被图形所吸引。

图形主要分为写实图形、归纳（具象）图形和抽象图形三类。

1. 写实图形

写实图形是指借助摄影、绘画等手段，较翔实、具体地再现商品以及其他物象的图形，其特点是较直观、具体地突出产品的真实感并较好地完成产品说明的任务。

（1）摄影

摄影能够真实并客观地还原物体在特定时空的原貌，既可以突出商品的品质，又能够直观地将其展现出来。同时，摄影可以对产品进行"写实"，也可以隐喻产品的特性。因此，摄影被广泛应用于包装设计领域中（如图3-1-11）。

图3-1-11

以摄影的手法表现商品特性

通常最佳的摄影方式是利用高品质单反相机拍摄，以获取在精度、色彩、还原度等方面高品质的影像。随后还可以利用Photoshop等图像处理软件对获得的影像资料进行设计处理，特别需要注意的是照片的使用基础必须符合物体的真实性。如果照片本身无法体现产品质感及其特点就不宜采用。例如食品包装，照片最为主要的目的在于使消费者通过影像视觉效果的传达能够在意识中产生出对于食品味觉的初级体验与感受。因此，有针对性地选择在特定的产品上使用特定的照片方可达到令消费者满意的效果。如在鲜果类包装中直接使用照片，目的是为消费者传达一种产品如此新鲜的感觉（如图3-1-12）。

图3-1-12

以微距摄影和纸质印刷表现商品特性

在使用标准照片拍摄时，要体现出精致完美的视觉效果。应充分利用灯光、特定的背景处理、最佳的拍摄角度等摄影辅助性元素来获取高质量的图像。同时，要保证拍摄对象与设计表达的主题协调统一。

材质的选择以及高品质的印刷都可以使产品的档次获得提升。一般而言，在纸质包装材料上最适合表现细腻的影像层次，而玻璃、陶瓷、金属、塑料等包装材料上的效果就有所下降。尤其是有些尺寸较小的包装，如小的食品袋，以塑料为材质的，如果没有精美的印刷效果反而会破坏画面的整体美感。因此，要根据印刷的实际效果来调整不同材质上的成像质量或图形的选择（如图3-1-13）。此外，有些产品可以通过透明的包装材质直接体现包装产品的本质。此种包装材质的选择不仅能够使消费者直接感受到来自包装内部的产品真实状态的视觉冲击，还可以降低设计成本，省去通过摄影手法再现产品的设计过程。还有一种较为成功的设计，设计者将包装直接镂空，使消费者直接触及到内部的产品，无形之中提升了产品在消费者心中的质感。这是一种成功的销售手段，同时也提高了商家在消费者心中的信誉。

图3-1-13

以塑料为材质的食品小袋的包装

总之，设计师的灵感及技艺显得尤为重要，他要想方设法通过隐喻及暗示的表现方式来营造出一种增加产品情趣并能够唤醒消费者无限遐想的艺术氛围，从而达到包装的预期效果。

（2）商业绘画

在商业活动中，产品的展示以及向大众直观地传达商品信息是必不可少的商业行为，这其中同样包括企业整体形象。如此一来，选择一种理想的视觉传达方式或艺术表现手段便成为设计师们考虑的问题，而商业绘画是一种很好的选择。我们将其定义理解为：在商业活动中能够向消费者传递商品信息并激发消费者对于产品的浓厚兴趣及购买欲望，同时还能够进一步做到引领大众主流的消费潮流并成为大众生活中的时尚先锋，而为企业或产品所绘制的写实性插图类作品。商业绘画是一种通过直观视觉形象来传达商业信息以及推广商业活动的图像化视觉传达形式，其所传达的内容简明扼要，活灵活现（如图3-1-14、图3-1-15）。

图3-1-14

细致的植物插画与抽象的文字结合，清新典雅

图3-i-15

作品中图形元素与色彩完美地结合在一起

2.归纳图形

归纳图形在设计理念上是趋于写实性的，但与写实图形的不同点在于归纳图形高度概括繁复的客观物象并加入创作者的设计理念，从而简化为形象鲜明、特征典型的图形。

（1）装饰图形

装饰图形的美依赖于其图形的多样性。我们赖以生存的大自然是多样的统一体，我们可以从各种动植物、花卉、叶子的形状和色彩，蝴蝶翅膀、贝壳等大自然中的一切生命形态中捕捉灵感及设计元素。

装饰纹样构成的图形，其装饰性极强，具有很强的象征意义，同时也会突出产品的功能性。要注重装饰图形与文字设计元素的相互呼应。文字可以将产品信息更为直接地传达给消费者，图文并茂可以为消费者营造出一种象征产品特点与功能的抽象的艺术氛围，可以使消费者在愉悦轻松的氛围中得到商品的信息。

图3-1-16

包装的图形被设计师图案化，形象鲜明生动

装饰图形的配色基调应该与产品特征相统一，如天然、柔和、通透等。此外，以不同的图案及配色来区分同系列产品，要注意与主体图案设计元素协调统一，从而加强包装的系列化（如图3-1-16、图3-1-17）。

（2）创意插画

插画具有的隐喻性视觉效果使其自身独具美感及强烈的个性化风

图3-1-17

以同色系相互咬合的图案构成了产品包装

格。设计师以插画的表现形式做出的包装设计，能够使消费者领略并体验到一种自然的、富有鲜明个性的、表现力和趣味性十足的、纯粹性的美学效果。插画图案的线与块、面所形成的视觉对比、造型元素与标题的结合能够达到简洁而有趣味的视觉效果。设计插画时应注重图形氛围的营造，运用渐变、晕染、飞白等绘画性视觉效果增加包装物的感染力，提升包装的视觉美感。插画与文字统一设计，将文字作为图形元素是整合形象的有效手段，使标题在告知功能上多了一些视觉个性。涂鸦式的文图结合，将包装的各个面作为故事叙述的载体，自由而随性的构图，充满活力的组合，洋溢着特别的情调。木刻纹理的插画图案增加了形象的原始意味，十分符合商品的定位，从而受到大众的广泛欢迎。

插画本身并不具备独立的表现空间，它要与产品本身所附带的文化元素及产品的核心价值观融为一体。在设计这些插画元素时必须考虑到商品自身的定位。比如，商品经由漫长的历史发展而形成的一些排他性元素，地域性文化色彩浓厚的、浑然天成的、历史感较强的设计元素，在时尚潮流中占主导地位的周期性元素等。虽然艺术效果的表现是决定插画设计是否成功的一个重要因素，但产品包装形象与文化的关系是必要的前提。

插画设计的视觉传达效果应该一目了然，避免过多歧义的干扰，能够使消费者轻而易举地理解所要传达的内容。人的某种特定的情绪因素是设计师在设计插画时的灵感来源。插画不同于摄影照片的真实效果，其目的在于通过插画图案调动消费者的情绪，并引起消费者的共鸣，从而使包装的内在情趣实现外延，最终获得最佳的视觉传达效果。

商品文化决不应该仅仅成为商品包装的华丽外衣，其生命力来自于商品所倡导的一些基本的价值追求及生活理念。插画的设计要针对不同消费群体，以人为本，其风格的选择至关重要。首先要捕捉消费者的生活方式与包装物之间的内在联系，细分消费者的年龄、性别及社会中的角色定位，强化类型差别。对包装设计而言，图形的纯粹性是不存在的，而风格往往是某种事物强烈个性的外在表现。唯有定位明确的插画才有可能体现出这一特点。设计风格的改变也是随着目标消费者所处的文化及社会层次的改变而不断变化的。因此，插画这种既古老又年轻的艺术形式一直伴随着现代包装设计而不断变化发展（如图 3-1-18 至图 3-1-22）。

图3-1-18
黑白色彩使包装具有了自然的、纯粹的美学效果

图3-1-19

色彩绚丽，对比性强

图3-1-20

插画丰富灵动，色彩统一大方，包装的系
列感强

图3-1-21

包装的形与底的关系对比强烈

图3-1-22

该包装为"茶"包装，其材质的大胆突
破与时尚的插画相得益彰

3. 抽象图形

抽象图形是指以抽象的点、线、面构成的间接地对客观物象外部进行具体描绘的图案。

抽象是从自然界的一切事物中抽取共同的、本质性的特征，摒弃其非本质性的特征。例如香蕉、西瓜、梨、橘子、桃子等，它们的共性是水果，得出水果概念的过程，就是一个抽象的过程。要抽象，就必须比较，没有对比就无法找到共同特征。

共同特征是指把一类事物与他类事物区分开来的特征，这些具有区分作用的特征又称本质特征，是一种具有排他性的组合与分离。

抽象的层面是基于哲学的角度。在平面设计中，抽象的形态无法直接感知，但为了作为造型的要素，就必须突显其可见性。当然，此方式是相对于自然形态和人为形态而言的。

（1）几何形

几何形是抽象的、单纯的，一般运用工具进行描绘，从视觉效果上讲，理性占主导地位，缺少感性色彩。在现代工业发展的今天，理念的抽象形态被大量运用于建筑、绘画以及实用品的设计中，原因是其不仅便于现代化机器的大规模生产，而且与时代同步律动并体现浓重的时代感。

（2）有机形

有机形是指有机体的形态，如生物细胞等，其特点是圆滑的、曲线的、有生命韵律的内涵（图3-1-23）。

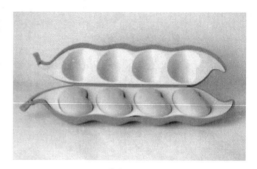

图3-1-23

绿色原生态的有机包装

（3）偶然形

偶然形是指我们意识不到的，偶然形成的图形，如白云、枯树、破碎的玻璃等（如图3-1-24、图3-1-25）。

三、色彩

我们生活在一个色彩斑斓的世界，大自然创造出了丰富多样的构图和生命色彩及把各种颜色巧妙融合在一起的方法，使得各种视觉传达的艺术表现形式中的色彩成为世世代代的一个谜。色彩的美是指各种颜色及其浓淡变化在对象上的和谐配置，这种配置在任何构图中都是既明显多样，又巧妙统一的。现代科学研究表明，人类获得外部世界信息90%以上是依靠眼睛传达到大脑中的。色彩及明暗关系直接反映着自然的本质。视觉色彩产生的心理变化是非常复杂的，人们对色彩的认识是从自身长期的生活经验中积累而得的，因此，色彩在人们的社会活动中扮演着十分重要的角色。

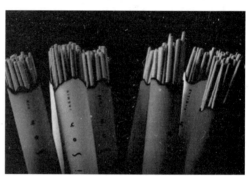

图3-1-24

打破"竹立香"传统包装的形式和色彩风格

所谓"远看颜色近看花"，此句贴切地说明了色彩作为信息传递手段之一的过人之处。人们在认知事物的形状等详细信息之前，首先感受到的是色彩。因此，人们对色彩的特殊敏感性就决定了色彩元素在视觉设计中的重要地位。色彩用其独特的语言讲述着各自不同的故事，是人类情感的载

图3-1-25

将产品中的成分抽象出来

体，这一点无可辩驳，色彩以表达情感为其最终目的。色彩的艺术魅力和欣赏者的情感印象之间存在着互动关系，人类的情感原本是内心深处的记忆体验，而色彩与这些体验一一对应，从而表现出色彩情感印象的丰富性。

1. 色彩的对比与调和

自然界的色彩，充满着对比与调和的辩证统一关系。"对比"与"调和"是画面上处理色彩常用的手法，"对比"给人较强烈的刺激感觉，"调和"则给人以协调统一的感觉。色彩本身没有"灵魂"，好比"红花虽好，绿叶相扶"。色彩的对比一般指两种以上色彩进行组合，并研究其变化以及特殊效果。色彩调和这个概念和一般事物的调和概念一样，有两种解释。一种指有差别的、对比着的色彩，为了构成和谐而统一的整体所进行的调整与组合的过程；另一种是指有明显差别的色彩，或不同的对比色组合在一起能给人以非尖锐刺激的和谐与美感的色彩关系，这个关系就是色彩的色相、明度、纯度之间的组合的"节律"关系。色彩的对比包括色相对比、明度对比、纯度对比以及冷暖对比。

色相：用于区别色彩的名称。色相对比是最简单、最容易的一种，它是单指"色"的变化，即两种纯色（饱和色），对它们的充分强度进行的对比。如红、黄、橙等。我国民族民间的服饰、年画、剪纸、建筑装饰，以及现代绘画诸流派，都使用强烈的色相对比，形成鲜明突出的色彩对比，产生美的效果。

明度：就是色彩的光明度。色彩本身由于明度不同而产生明暗现象，如黄色明度最强，紫色为最弱。色彩的配置必须有明度对比，对比要有强有弱，以增加色彩的层次和节奏。在色彩构图中，突出形态主要靠明度对比。要想使一个色彩的形态达到强有力的视觉效果，必须使它和周围的色彩形成较强的明度差。反之，要想降低这种强有力影响，就缩小它和背景的明度差。因此明度对比会对视觉效果产生重要的影响。

纯度：灰与鲜艳的对比。一个明亮鲜艳的玫瑰红和一个含灰的玫瑰红相比较，人们能够非常直接地觉察出它们在鲜浊上的差异。纯色总是鲜明的、实的、重的、跳跃的，浊色是不鲜明的、虚的、轻的、隐伏的，这是一般的规律。这种色彩性质上的比较被称为纯度比较。纯度对比既可以体现同一色相不同纯度的对比，又可以体现不同色相的对比。

冷暖：色彩冷暖是写生色彩的精华，它可以表现出最细致的写生色彩变化。色彩要能生动地表现对象，关键在于冷暖关系的处理。色彩的冷暖对比是最普遍的一种对比。冷色与暖色还会带来一些其他感受，像重量感、湿度感等。暖色偏重，有迫切感及密集感、透明感较弱、干燥等心理作用；冷色较轻、稀薄、透明、湿润，有距离感等心理作用（如图 3-1-26）。感觉

图3-1-26
色彩的明度高，传达一种积极感觉

2. 色彩的主调与层次

人在同一视觉所触及的范围内，由于色彩的面积比例不同从而会产生不同的对比与层次效果。在绘画作品以及包装视觉传达设计中包含主调及主色的设计元素。当两种颜色以相等的面积比例出现时，这两种颜色就会产生强烈的冲突，色彩对比自然强烈。如果将比例变换为 2：1，一种色彩的表现力就会被减弱，当一方的扩大足以控制整个画面的整体色调时，另一方只能成为这一色调的点缀陪衬，此时色彩的对比效果很弱，并转化为统一的色调。也可以通过两个色相邻近的颜色组合来形成一种颜色倾向作为一种主调，如红与橙，橙与黄，蓝与绿，绿与紫等。"万绿丛中一点红"表达的就是此种效果。没有主调就会让人感到眼花缭乱，分辨不清（如图 3-1-27）。

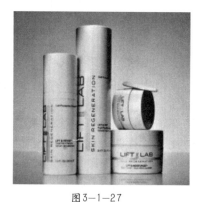

图3-1-27
产品的整体包装造型简单

主色调与配色的关系协调很重要。这就要求设计师组织好画面中各个颜色的主次关系。此外为了使包装图案富有层次感，需要注意颜色间的明度关系，不要让人产生乏味、平淡的感觉。比如：红色是热情洋溢的色彩，在蓝色底上像燃烧的火焰，在橙色底上却暗淡了；黄色最不能掺入黑色或白色，否则它的光辉会消失；绿色优雅而美丽，无论掺入黄色还是蓝色仍旧很好看，黄绿色单纯年轻，蓝绿色清秀豁达，含灰的绿色宁静而平和；蓝色代表永恒；紫色给人以神秘感；等等（如图 3-1-28）。

图3-1-28
虽然每块颜色不一样，但都属于统一色系

3. 色彩的情感与联想

色彩对人的大脑及精神均能产生影响。色彩的象征力、情感、知觉等心理因素是客观存在的。人对色彩的感觉是主观的，是客观世界引起的主观反应，大自然的光线作用于人眼，从而产生不同的色彩，再经由视觉神经传入大脑，经过思维，经过记忆及经验产生联想，从而产生一系列的色彩心理反应。当外在的色彩与我们的记忆和经验产生某种共鸣时，我们心理上的情绪就产生了。

（1）色彩的冷暖感

红、橙、黄为暖色，让人联想到太阳、火焰等，产生温暖亲切之感（如图 3-1-29 至图 3-1-32）；青、蓝为冷色，让人联想到冰雪、海洋、清泉等，产生清凉之感（如图 3-1-33、图 3-1-34）。另外还有一组产生冷暖的概念，即一般的色彩加入白会倾向冷，加入黑会倾向暖。饮料包装多用冷色，白酒类包装多用暖色。色彩的冷暖感觉以色相的影响最大。

图3-1-29

塑质包装材料与暖色主色调搭
配体现该食品的丝滑口感

图3-1-30

透明的玻璃包装、醒目的文字直接地表现了产
品的实质

图3-1-31

雀巢产品包装

图3-1-32

温馨的卡通人物图案配以炽烈的红色体现了如
火焰般的母子之爱

图3-1-33

润唇膏的外形设计小巧、精致

图3-1-34

包装造型整体采用流线型设计

（2）色彩的轻重感

色彩的轻重感主要由色彩的明度决定。一般明度高的浅色和色相冷的色彩感觉较轻，其中白色最轻（如图3–1–35）；明度低的深暗色彩和色相暖的色彩感觉重，其中黑色最重。明度相同、纯度高的色感轻，而冷色又比暖色显得轻。在包装设计中，一般画面下部用明度、纯度低的色彩，以显稳定（如图3–1–36）；儿童用品包装宜用明度、纯度高的色彩，以产生轻快感。

图3–1–35

360度表盘式瓶身造型

图3–1–36

跳跃性极强的色彩与产品原料的造型设计结合

（3）色彩的距离感

在同一平面上的色彩，有的使人感到突出、近些，有的使人感到隐退、远些。这种距离上的进退感主要取决于色彩的明度和色相。一般是暖色近，冷色远；明色近，暗色远；纯色近，灰色远；鲜明色近，模糊色远；对比强烈的色近，对比微弱的色远。鲜明、清晰的暖色有利于突出主题；模糊、灰暗的冷色可衬托主题（如图3–1–37、图3–1–38）。

图3–1–37

不同口味选择不同色彩的包装

图3-1-38

包装材料半透明化的色彩与抽象化的生产工具图案组合

（4）色彩的味觉感

在食品包装上，色彩对食品引起人们的味觉有重要作用。人们一见到红色的糖果包装，就会感到甜味；一见到清淡的黄色用在蛋糕上，就会感到有奶香味。一般说，红、黄、白具有甜味，绿色具有酸味，黑色具有苦味，白、青具有咸味，黄、米黄具有奶香味等。不同口味的食品，采用相应色彩的包装，能激起消费者的购买欲望，取得好的效果（如图3-1-39、图3-1-40）。

图3-1-39

最为直接地还原水果色彩，绿叶造型的标签点缀

图3-1-40

鲜明的纯红、绿色叶片造型摆脱了朴素的主基调

（5）色彩的华贵、质朴感

纯度和明度较高的鲜明色，如红、橙、黄等具有较强的华贵感；而纯度和明度较低的沉着色，如蓝、绿等显得质朴素雅。前者可用于礼品、工艺品包装，后者可用于医用品包装。同时色相的多少也起到不同的作用，色相多显得华丽，色相少显得朴素（图3-1-41至图3-1-43）。

图3-1-41

精致的贝壳造型与典雅的花纹图案相配

图3-1-42

质朴的花纹及沉着的主色调衬托该款产品的
典雅

图3-1-43

绚烂夺目的缤纷色彩引起爱美人士的共鸣

图3-1-44

朴素的色彩及方便的包装设计突出产品的实用性

第二节　包装设计的
形式美规律

在这个信息化的大众传媒时代，如何吸引大众的目光，对于信息的传达而言是至关重要的。一件成功商品的包装必须要有能够抓住消费者的闪光点，这个闪光点就是包装设计的精华。有秩序、有规律的图形组合和编排方式通常能够被视觉所接受，从而产生视觉美感。良好的包装设计必须灵活运用形式美的法则，运用对称与均衡、节奏与韵律、变化与统一、虚实与疏密等基本的构图手法来组织设计要素，以求达到最佳的视觉效果。

一、对称与均衡

"对称"这一名词可以追溯到远古时代的自然界。我们的祖先发现了动物的身体和植物叶脉都有对称性这一奇妙现象。大自然中的一切似乎都按照对称这一法则存在着。普列汉诺夫说："欣赏对称的能力也是自然赋予我们的。"对称一直是我们中华民族强调的东西，历来的皇宫、都城都是对称布局的，强调一种庄重、肃穆的气氛。"四平八稳"的对称均衡中显示出一种古朴庄重的特点。而包装中的对称是指商品包装中的视觉元素以一条线为中轴，左右或上下两侧均等。对称的构图会将消费者的视线自然地吸引到对称中心并使其具有端庄、稳定、整齐的特点，使人们的心理产生和谐的美感及静态的安定感等。在很多传统工艺品、高档化妆品与酒类商品的包装设计中，往往会用到这种构成方法。对称的缺点是容易出现单调和呆板的视觉感，因此在设计过程中设计师需要做出适当的变化，做到不拘泥于对称的形式，使之成为一个整体对称感较强的理想包装作品（如图3-2-1）。

图3-2-1
该包装采用写实图形设计，形成了对于该产品味觉
的初级体验

　　包装中的"均衡"是指两个以上要素之间构成的均势状态，如在包装材料的质地、轻重、大小、包装图案的明暗或色彩之间形成的平衡感觉。均衡是人们在审美活动中所获得的生理的和心理的力的均衡，它强化了事物的整体统一性和稳定感，在静中趋向于动。据格式塔心理学中的阐述，物体之间的组合最终会形成一种"力的图式"，而均衡的"力的图式"能给人带来强烈的美感。从形式上来说，包装的均衡较之对称而言更为自由活泼，富于变化。均衡的形式主要是掌握重心，使画面中形式美的各种感性元素达到互相呼应和协调一致，具有动静变化的条理美、形态美。均衡虽然不会给人绝对平衡的感觉，但由于中心在包装的中部，消费者视线的分布还是比较平均的。现代包装设计中，设计师有时会有意识地打破视觉上的均衡，加入不和谐的因素，造成矛盾冲突的视觉效果，通过营造紧张不安的气氛，从而使消费者记忆深刻（如图3-2-2）。

图3-2-2

视觉中心下部的有机图形较丰富

总之,包装中的对称与均衡,是消费者对商品包装中各种组成元素之间视觉平衡感的判定,人们通常会在心理上追求一种平衡和安定的感觉,这属于美学研究的范畴。

二、节奏与韵律

节奏与韵律是形式美的共同法则,是互通的。节奏是指以同一视觉要素连续重复时所产生的运动感,通过点、线、面的大小疏密排列组合以及色彩的对比调和形成韵律。点、线、面、体、色彩、肌理等视觉要素在包装设计中可以构成丰富多彩的节奏形式,使之产生音乐、诗歌的旋律感。从包装的平面构成要素来讲,构成中单纯的单元组合重复趋于单调,有规则变化的形象或色彩排列具有积极的生气,有加强魅力的能量,随之便形成韵律。

节奏和韵律是反映事物运动规律的一种形式语言。亚里士多德认为:"爱好节奏和谐之类的形式美是人类生来就有的自然倾向。"节奏是一种节拍,是一种波浪式的律动,当包装图形中的形、线、色、块整齐而有条理地重复出现,形成富有变化的排列组合,就能产生节奏感。歌德曾说:"美丽属于韵律。"包装设计中所体现出的节奏应作为其内在韵律的基础,而韵律恰恰是节奏的升华和提高。这一节奏的升华具有感情因素和抒情意味。节奏和韵律在包装设计中得到了广泛的应用,在设计过程中若能灵活多变地掌握节奏与韵律的规律,如在形体和结构上的渐大渐小、渐多渐少、渐长渐短、渐疏渐密,在色彩上的渐冷渐暖、渐强渐弱、渐浓渐淡等,人们就能通过包装作品获得犹如品味音乐般的美感。在设计中不同的商品类型要求具有不同的节奏韵律感。例如儿童用品、运动休闲品等一般采用造型活泼、色彩明快、节奏感强烈的设计,女性商品、床上用品等可采用秀丽的字体、柔美的色彩、线条流畅的设计风格(如图3-2-3、图3-2-4)。

图3-2-3

几何图形重复排列出极具魅力的图案

图3-2-4

将抽象的图形排列组合成字母

总之，艺术的节奏与韵律来源于自然和生活，我们只有仔细观察自然，体验生活，才能把握好艺术设计中的节奏及韵律。

三、虚实与疏密

在包装设计中为了凸显主体使之成为视觉焦点，通常会利用设计元素的清晰与模糊、明确与含混的对比关系，将主体元素设计为实，其他辅助设计要素处理为虚。此种包装设计理念我们称之为虚实对比。疏密是自然界中物体形态的存在形式，被人们广泛地运用到人类生活的各个方面。在包装设计中，疏密反映着设计元素间的聚散关系，这种不可或缺的构图规律赋予了图形一种协调的美。就人眼的视觉功能而言，其不可能在同一时间内看到处在不同位置上的图形元素，而在同一视觉内的物象人眼也只能识别靠近焦点的部分。因此应合理地调节图形的大小比例、文字的间距及大小、色彩等诸元素来形成视觉中心。如果不去考虑画面中的产品名称，图形文字疏密的布局，将设计元素杂乱无章地堆砌，产生密密麻麻的视觉效果会使消费者一头雾水。此时便需要考虑留白，不同的留白给人以不同的视觉感受。采用虚实与疏密的包装设计理念主要的目的是将消费者的视线引导到商品包装上最重要的地方去，以达到突出商品包装主题、其他辅助设计元素用来增添包装的艺术美感的目的。如此一来，主次有序的商品包装设计整体会给人以含蓄、隽永、意味深长的想象空间。

设计师如何灵活运用包装设计中的构图方法显得很重要。如果执意地去追求以上这些形式美规律，就会导致其作品枯燥无味、失去活力，如同绘画失去了意境，音乐失去了灵魂。对设计师而言，捕捉潜藏在形式里的鲜活的生命力，并将其赋予静止的物象，使其动态平衡，结构有序，在对称中寻求不对称，简约中寻求丰富，统一中有变化，节奏与韵律并存，虚实相间、疏密有序，努力探索其中奥妙，才能不断提高设计水平（如图3-2-5、图3-2-6）。

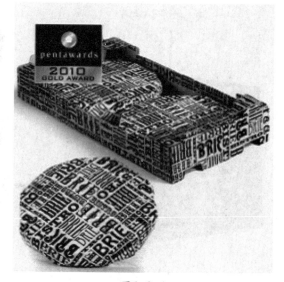

图3-2-5

将说明性文字虚化，突显出产品的广告
语及品牌文字的主体位置

图3-2-6

全面的文字密集型覆盖，体现了产品内容之丰富

四、对比与调和

由于包装设计元素在客观上表现出的差异性，设计者往往通过强调某种元素组合特性来达到其所想表达的视觉传达效果。例如强调变化便形成对比，强调近似便形成调和。

对比是利用多种设计元素的比衬来达到明确产品包装的主次方向感，通过包装图案的虚实感及质感的表现力，从而产生强弱分明的视觉效果。对比所强调的差异性在产品的包装上会产生某种变化的美感，从而避免了单调、呆板的视觉感。为了吸引消费者的眼球，使其目光能够尽可能多地停留在商家自身的产品上，包装设计就要具备较生动并富有显而易见的令人印象深刻的设计特点。包装设计中的美的体现是通过适度对比产生的，对比关系越强烈，视觉冲击力越强。对比中的"适度"一词应该理解为能够使设计效果活泼有趣、井然有序，避免单调乏味、杂乱无章。总之，包装设计中的适度对比无论从形态上的差异、色彩变化还是空间层面的虚实感而言均要实现一种十分协调的变化中的统一。

调和的目的在于化解美的组成元素各部分之间及其质、量方面产生的矛盾，同时使之秩序井然。评判包装设计成功与否要看其设计是否可以形成和谐、整齐划一的整体视觉效果。如果去解构包装设计的整体，就会得出千差万别且独具一格的鲜明的组成元素。这些元素包括各种图案纹样、文字、包装材料、商品形象、标志、丰富多彩的色块等。如此精细、复杂、考究的设计元素最终都需尽可能地调和成和谐与完美的整体。也就是说设计师在设计的过程中需要敏锐地捕捉到隐含在诸多元素内部的某种联系。成功的包装设计必是一个和谐变化的整体结构，其所触碰到的消费者的内心情感或情绪应该是愉快、怡然、动静平衡、温和的。

设计师的灵感源于自然，源于生活，敏锐地察觉周遭一切事物的内在联系是一种过人的天赋。对消费者消费心理的研究，对市场中品种繁多的商品的调研，调和商品本身具有的鲜明特点以与主流设计风格相融合等都是非常重要的设计环节。当然设计师自身的情绪、情感、性格特征也会投射到设计作品中来。因此设计师调和好个人的情绪、情感，专注于某一点或某一层面，使灵感与作品本身合二为一，形成和谐统一的整体也是不可或缺的（如图3-2-7）。

图3-2-7
色彩的明暗对比突出了产品主体说明文字

五、多样与统一

在包装设计中，多样性强调了各视觉要素间的个性和差异，统一则着眼于设计作品的整体一致性。多样与统一是形式美的最高法则，是对形式美中的对称、均衡、对比、调和、节奏、韵律、比例、尺度等规律的集中概括和总体把握。任何造型艺术，都由不同部分组成，各部分之间差异化色彩较浓，这就是多样；然而各部分之间却又隐含着某种密切的联系，捕捉这种内在联系并以一定的规则将各部分有序组合，求同存异，使其成为一个有机的整体，我们便称之为统一。在包装设计的过程中设计者要遵循的原则是寓多于一、多统于一。美学中的和谐，也就是多样的统一。中国古代哲学家老子曾经说："道生一，一生二，二生三，三生万物，万物负阴而抱阳，冲气以为和。"这表达了万物统一于一的概念。公元前2世纪，希腊数学家斐安也说过："和谐是杂多的统一，不协调因素的协调。"这其中包含着丰富的哲学宇宙观思想。多样统一也反映着客观事物本身的特性。多样统一，即我中有你，你中有我。

在包装设计中，多样性主要是为了增强不同要素所具有的特性，通过矛盾冲突打破呆板、单调的格局，使设计更加具有生命力和张力，形成强烈的视觉效果，给人留下深刻的视觉印象。相反，变化过多、缺乏和谐与秩序就会显得杂乱无章。而形式上的统一是对各设计要素相互间关系的把握来达到和谐的效果。多样与统一只要在"度"的层面上做到处理得当、稍有变化就会使作品富有灵动的气息，大致的统一就会带来和谐的美感。美不是"平均值"，美不是"相似体"，美就是独特，就是不同寻常。科学家布鲁诺也同样认为：这个世界如果是由完全相像的部分构成的就不可能是美的了，因为美表现于各种不同部分的结合中，美就在于整体的多样性。由此可见，一件包装设计作品要想引起人们的审美感受，既不能没有变化，又不能没有秩序，要做到两者的和谐统一（如图3-2-8至图3-2-10）。

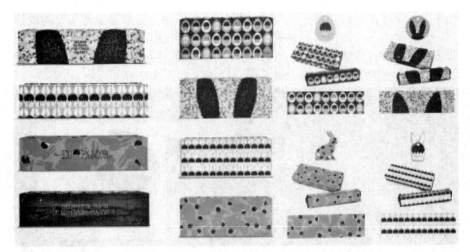

图3-2-8

多样性的有机图形富有节奏的排列，使其整体独具韵律及鲜活的生命力

图3-2-9

整体包装材料的几何造型与包装平面的
多样性几何图形协调统一

图3-2-10

该包装多样性的色彩搭配与多样性的
几何图案两种整体设计元素协调统一

　　多样统一法则同样被应用于系列化包装设计中。系列化包装是国际包装设计中颇为流行的一种形式。它具有同类而不同品种、不同规格的商品包装的特点，并采用局部变化的色彩、文字与形象，而整体构图完整统一的设计方式，将多种商品统一起来，并以此来增强商品的整体形象，树立品牌和产品信誉。包装系列化设计正好符合了多样统一的形式美规律。

　　总体讲，包装设计的整体是由众多局部组成的，每一个局部的设计都要考虑它在整体中的作用，力求达到变化与统一的完美结合。

第四章　包装的材料和结构

第一节　包装材料的选择

当今，科技进步的丰富成果已经广泛地渗透到了社会的各个领域。其中，包装材料也分享着科技创新带来的巨大助力。在包装设计中材料的选择可谓品种繁多，例如传统的自然包装材料、现代复合材料等。业界普遍按照包装容器的材质分类。其主要可以分为纸及纸板包装容器、塑料包装容器、木质包装容器、玻璃包装容器、陶瓷包装容器和金属包装容器六大类别。总的来说，在包装设计中对于包装材料的选择要满足科学、经济、环保、适用等原则，且能够为消费者的使用提供便利。

一、纸

纸这一包装材料被广泛应用于包装行业中，可分为包装纸与纸板两大类。

强度高、耐磨损、透气性好、便于回收，且成本低的包装纸多用作文件袋、购物袋，例如牛皮纸；强度较高且纸面光洁的包装纸多用作标签、瓶贴、服装吊牌；表面平滑、透明度高、抗拉、防湿、防油、无毒并以天然原料制成的包装纸多用于食品包装，例如玻璃纸（图4-1-1）。

图4-1-1

该产品选用牛皮纸作为包装材料

纸板与包装纸的制造原料基本相同，较之包装纸而言其主要区别在于纸板在其厚度、质地上所体现出的刚性以及易加工成型的特点。纸板的类型有黄纸板、白纸板、牛皮纸板、瓦楞纸板，其中瓦楞纸板用于产品的存储、运输包装，普遍用于制作外包装箱，主要起到保护商品的作用。质地较细的瓦楞纸板也用于销售包装的制作以及作为包装的间壁结构使用（图4-1-2、图4-1-3）。

图4-1-2
采用瓦楞纸板作为金属产品的包装，体现了其超强的硬度及载荷力

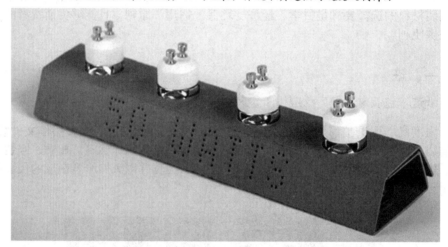

图4-1-3
几何形的包装造型充分体现了瓦楞纸板易加工成型的特点

纸这一包装材料在应用过程中具有易加工、重量轻、成本低、易于印刷、可折叠、无毒、无味、无污染、可回收等优势，但同时也存在着耐水性差、潮湿时强度变低的劣势。

二、塑料

论及应用范围的广度，仅次于纸类包装材料的就是塑料了。塑料主要成分是树脂，辅以人工合成的高分子材料。塑料这种包装材料的优点是重量轻、方便储运、防水防潮性能强、阻隔性好、透明、耐油、耐腐蚀、易加工成型、使用寿命长、印刷效果好等，其缺点为表面易污染、易破损、易带静电、降解慢，且易对环境造成一定的污染、耐热性差等（图4-1-4至图4-1-6）。

图4—1—4

该护肤品选用塑料作为包装材料，体现了塑料良好的印刷效果及易加工成型的特点

图4—1—5

形态各异、色彩斑斓的卡通造型包装设计体现了塑料材料易加工成型及印刷效果好的特点

图4-1-6

创可贴采用塑料包装主要为了利用其阻隔性好及密封效果好的特点

三、木材

木材作为一种天然的包装材料其应用范围也比较广泛，一般适用于大型机械、五金机电、仪器仪表等产品。木制包装容器包括木桶、木匣、木箱、木夹板、木制托盘等。木材作为包装材料具有加工成型简单、快捷、强度高、抗冲击和震动效果好、成本低、耐久性高等优点；其缺点表现为受环境、温度影响较大且易变形、易燃、易腐蚀、运输成本较高等（图4-1-7、图4-1-8）。

图4-1-7 木质包装

图4-1-8 木质茶叶抽屉设计

四、玻璃

玻璃包装材料制成的容器用来满足液态产品包装的需要，如酒、水、饮料、香水，等等。玻璃的加工原料是天然矿石，其质地硬、脆且透明。玻璃材料的优点是阻隔性好、可以反复使用从而降低包装成本、安全卫生且耐腐蚀性强，还可以较容易地改变颜色与透明度等；其缺点为生产能耗大且易碎（图4-1-9、图4-1-10）。

图4-1-9 香水瓶身设计

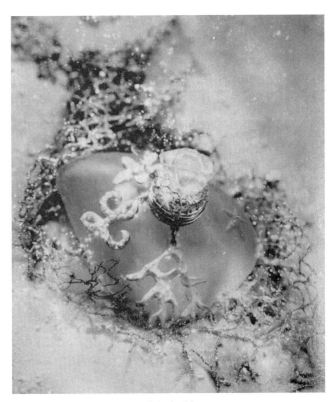

图4-1-10

Fleur de corail Lolita Lempicka香水

五、陶瓷

陶瓷的主要原材料是黏土，陶瓷产品是历史上人类制造和使用最早的物品之一。作为包装材料，其优点为耐高温、抗腐蚀、造型和色彩具有艺术性等；缺点与玻璃材料相同，易碎且不易回收（图4-1-11）。

图4-1-11 陶瓷材料瓶身设计

六、金属

随着工业技术的发展，金属成为不可或缺的包装材料，被广泛应用于金属包装容器的制作领域。常见的金属包装材料有马口铁、铝板、金属箔等。金属包装材料的优点有机械性能较强、加工及防护性能好、资源丰富、加工能耗低、保存期限长、具有特殊的金属光泽且便于印刷等；缺点为金属离子会影响食品的口味、某些金属及焊料中的成分易引发食品污染并导致食品变质（图4-1-12）。

图4-1-12
金属材质包装设计

第二节　包装纸盒的类型与结构

包装纸盒包括两大类，分别为粘贴纸盒与折叠纸盒。在高档产品及礼品的包装设计中通常会采用粘贴纸盒，而成本较低的折叠纸盒则适合批量生产且应用范围更广。

一、纸盒结构的种类

纸盒结构根据盒身与盒盖的造型变化而区分，一般分为以下5种。

1. 摇盖式

结构简单的造型设计是为了体现产品在使用过程中的便捷性。外包装的盒盖一边固定而另一边敞开的开启方式在包装设计中应用较为广泛，且非常适合大众消费的普及型商品（图4-2-1至图4-2-3）。

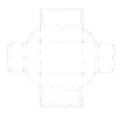

图4-2-1

简捷的摇盖式包装结构，盒身四边平面呈梯形向内咬合，由此增加了整个包装的厚重感

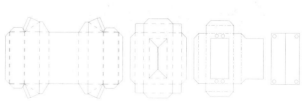

图4-2-2

包装采用左右两侧摇盖式闭合造型，内部空间大小适中且纸板色泽高贵典雅

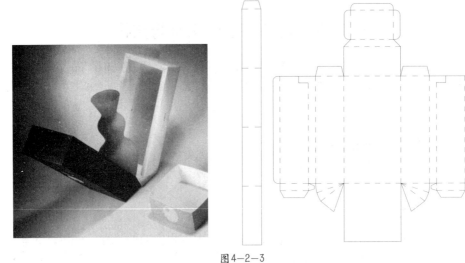

图4-2-3

立体式左右两侧开启的包装是该类产品较理想的设计

2. 套盖式

盒盖与盒身自成一体，并以扣合的方式封闭并保存产品。这种包装设计会在产品包好后封签防护，多用于高档商品和礼盒的包装（图 4-2-4 至图 4-2-6）。

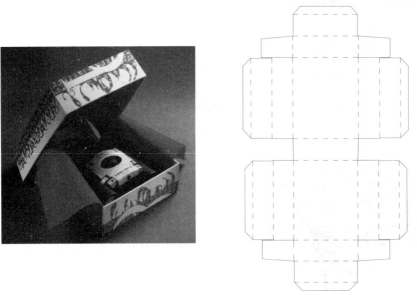

图4-2-4

盒盖与盒身二者营造的空间感由高品质的光学仪器产品填充，层次感强烈

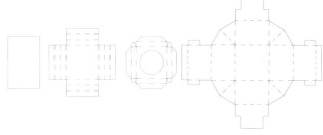

图4-2-5

盒身采用四面体展开式透明材质，盒盖采用传统纸盒材料，二者以套盖式结构包装产品，两层空间的展开方式使产品带有某种神秘气息

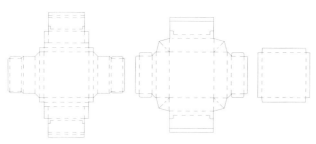

图4-2-6

盒身采用梯形基座式造型设计，并着以金色显示其高品质

3. 开窗式

在产品展示面的盒面或盒边开窗口，以形成透明状态，可以使消费者直接看到内部产品原貌。开窗的面积及位置要根据产品特点来决定，要遵循美观、大方、科学、合理的原则。开窗部分一般罩以透明 PVC 塑料片或玻璃纸，显示内装产品（图 4-2-7 至图 4-2-10）。

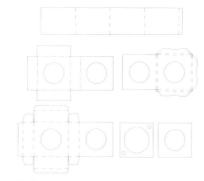

图4-2-7

包装顶部采用圆形的凹槽开窗式设计，体现了产品包装较强的立体感

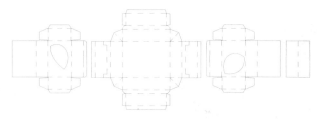

图4－2－8

该食品采用套盖式包装设计，并在盒盖上大小适中的位置处加上透明PVC塑料片开窗，使产品原貌直接呈现在消费者面前

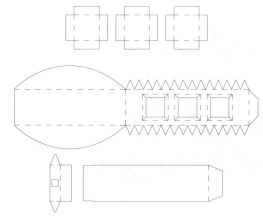

图4－2－9

弧形的整体包装造型配以规则的正方体顶面开窗设计，别致且视觉感柔和

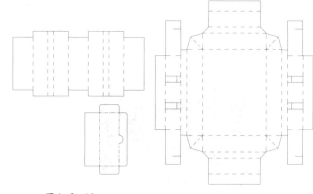

图4－2－10

盒盖的三等分开窗设计均匀，磨砂的半透明材质增加了天窗内产品的神秘感

4.陈列式

陈列式包装盒又称"POP"盒，其设计目的是用于广告陈列所用，并能直观体现产品的原貌。陈列式包装盒的形式可分为两种：一种为带盖式，即广告展销时打开盒盖，运输过程中合拢盒盖；第二种为无盖式，单纯地用于展示及陈列

商品。陈列式包装为一种造型较为特殊的包装结构，以摇盖方式打开盒盖并进行折插后，商品与盒面图形相互衬托，且具有良好的陈列和装饰效果（图4-2-11、图4-2-12）。

图4-2-11

无盖式陈列包装直观地展示了商品的原貌，拉近了与消费者之间的距离

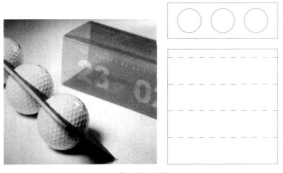

图4-2-12

带盖式的陈列包装可以更好地保护产品，将盖拉开后，产品就直接与消费者"对话"了

5. 吊挂式

吊挂式包装造型设计往往与开窗式相结合，主要设计目的是为了向消费者直观地展示产品本身，吊挂结构可以附加在其他包装中，也可以在自身的基础上进行变化处理（图4-2-13、图4-2-14）。

图4-2-13

几何形吊挂式包装设计体现了整体的立体感，视觉冲击力较强

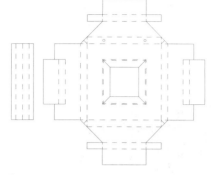

图4-2-14

吊挂式结构结合侧面开窗的整体设计增强了内装物的透视感。此外，各部分的设计元素均体现着浓厚的时尚气息

二、纸盒包装的成型结构

纸盒包装的结构包含多种样式，如此多的结构形态是基于商品对包装的需要，包括保护性需要、展示性需要与销售需要等。同时，纸制包装材料的特性也影响着其成型结构。纸盒包装的基本成型构造，是对纸张的折叠、切割、攒接、黏合，通过这些方法而产生的各种形态的纸盒，大致分为以下6种形态。

1. 直线形纸盒

最为常见的纸盒结构要属直线形纸盒，其制作方法为：将纸皮冲压造成折痕，同时切除多余的部分，通过机器或手工折叠、黏合成型。直线纸盒具有结构简单、成本低、便于运输、节省空间等优点，缺点是承重能力差。

（1）套桶式

套桶式结构具有造型极其简单的特点，除去了盒的顶盖及底盖结构，只需单向折叠后便可独立成型为筒状，通常应用于食品、日用品及办公用品的包装（图4-2-15、图4-2-16）。

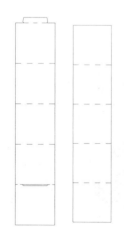

图4-2-15

毛巾等的包装要满足简单、快捷的使用特性，套桶式的包装设计迎合了产品的使用特点

图4-2-16

办公用品的包装采用套桶式结构设计，同样是为了满足能够便捷地取拿内装物且节省占用空间的要求

（2）插折式

　　插折式纸盒是直线纸盒的代表，充分体现了制作的便捷与成本低廉的包装特性，而在卖场的购物柜台前，消费者也可以直观快速地与商品"交流"。插折式纸盒分为直插和反插两种结构形式。由于两端插折方向不同，直插结构纸盒的盒顶盖和底盖的插折结构（舌头）体现在盒的一个面上，而反插是盒的顶盖和底盖的插折结构（舌头）体现在盒的不同面上（图4-2-17）。

 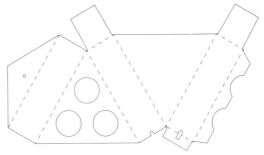

图4-2-17

插折式包装结构有效降低了包装成本，其顶面的镂空式设计又能够较直观地反映产品原貌

（3）黏合式

　　黏合式纸盒通过黏合剂将包装纸盒的盖与底粘连在一起从而形成了整体结构。由于其结构面积中切割掉的多余部分几乎不存在，因而极大地节约了材料，体现了较强的经济性。黏合式纸盒通常适用于包装粉状和颗粒状的产品，其坚固的优点起到了保护产品的作用（图4-2-18、图4-2-19）。

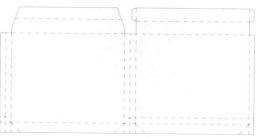

图4-2-18

整体包装结构封闭性好，起到了防止产品外漏的作用

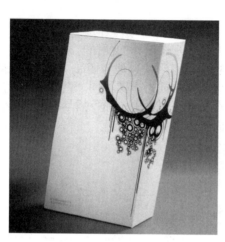
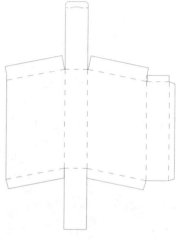

图4-2-19

外包装占用空间比较小，无论其自身还是相对于外部的空间感均体现出简约的风格

（4）锁底式

锁底式纸盒是以插折式纸盒为基础把底盖改成锁定式的结构，省去了利用黏合剂的粘连过程从而更加节省成本。此种锁定式结构具有较强的稳定性与承重性，因此，广泛应用于酒类、日用品、办公用品、化妆品等立式的产品包装（图4-2-20）。

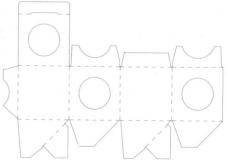

图4-2-20

稳固的锁定式结构起到了保护质量较重产品的作用

2.盘状式纸盒

盘状式纸盒具有盘形的结构。除了直线形纸盒以外，很多包装纸盒均属于此种结构，其优点与锁底式纸盒类似，均不需要黏合剂的粘连。盘状式纸盒通过增加盒身上的切口进行多点穿插锁定，从而使整体结构稳定成型，被广泛应用于包括食品、小件商品、纺织品等产品包装中。

（1）折叠摇盖式

折叠摇盖式纸盒制作简单，仅采用一张纸就可将托盘与盒盖儿连接在一起并形成结构，其适用范围包括散装饼干、糖果、土特产等产品包装（图4-2-21）。

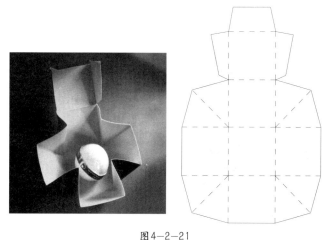

图4-2-21

简约的包装结构大大减少了浪费

（2）装配式

装配式纸盒分为双层式纸盒和锁定式纸盒。两种形式均不需要黏合剂粘连。

双层式纸盒是将四面的纸盒壁制成双层结构，然后咬合其延伸出的口盖，进而达到固定壁板的效果。双层式纸盒由于壁板得到加固，因而适用于较有分量的食品糕点、礼品等产品的包装（图4-2-22至图4-2-24）。

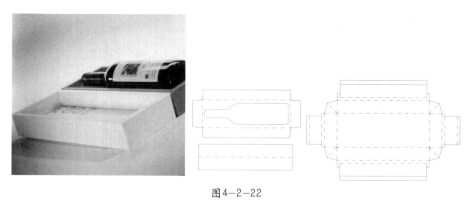

图4-2-22

双层式纸盒结构由于其出色的稳固性，对于质量较重的酒类产品起到了很好的承重作用

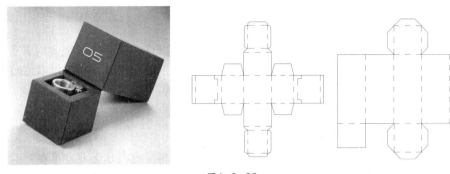

图4-2-23

对于金属小件商品的包装采用双层式纸盒能够体现产品的质感

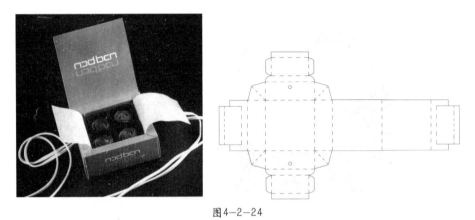

图4-2-24

食品的包装主要考虑到材料的节约与成本的节省，双层式纸盒包装满足了此种需要

锁定式纸盒在市场中较为常见，在纸盒壁板处切口，稍微改动一下防尘盖的结构就基本成型，制作极为简单。锁定式纸盒大多用来包装快餐食品，例如汉堡包与三明治（图4-2-25 至图4-2-27）。

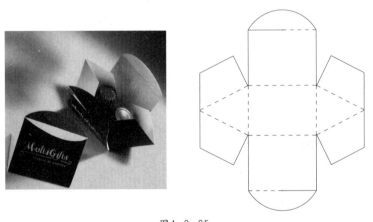

图4-2-25

打开方式极其简单，极大简化了消费者使用产品的繁琐过程

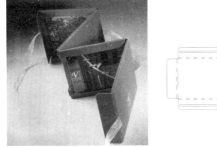
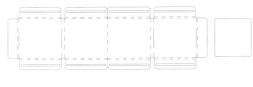

图4-2-26

富有创意的屏风样式的锁定式纸盒造型设计增加了产品包装的美感

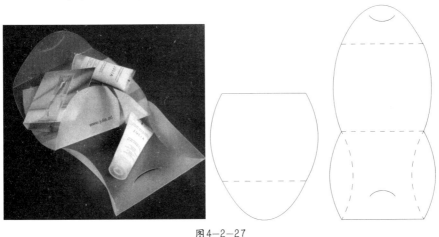

图4-2-27

简约的设计符合了大众护肤品对产品包装的要求

3. 裱糊盒

裱糊盒采用手工制作，用黄纸板作为内衬，也可根据不同产品的需要采用各种纸张作内外裱糊之用，也可采用木片、金属箔、玻璃、布料作裱糊之用。裱糊盒的价格较贵，一般应用于名贵产品的包装，如金银首饰、珠宝、古玩、单件玻璃器皿、陶瓷和名贵药材等（图4-2-28、图4-2-29）。

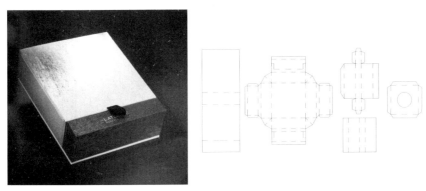

图4-2-28

采用高端纸制材料手工制成的裱糊盒体现了产品的高贵特点

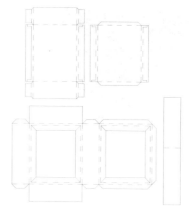

图4-2-29

裱糊盒与木匣的结合体现了产品的典雅特质

4. 异形纸盒

　　纸盒形态变化的多样性取决于折叠线的变化。由于要求纸盒的整体视觉效果更具美感，纸盒壁板与顶、底部要达到具有弧线形态的变化，并增加面的数量，产生多面体的变化。异形纸盒因制作工艺复杂相应地提高了成本，一般用于高档商品的包装（图 4-2-30 至图 4-2-32）。

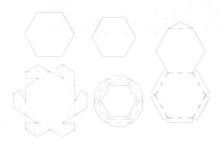

图4-2-30

几何造型的多面体设计具有较强烈的视觉冲击感，体现了产品独一无二的特性

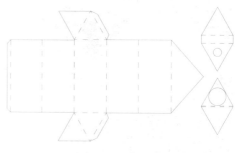

图4-2-31

异型包装盒的另一大特点就是内部空间感的体现，该商品包装充分体现了这一特性

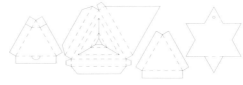

图4-2-32

将装饰图案整体设计为包装纸盒的壁板，工艺性强且富有美感

5. 手提纸盒

手提纸盒的设计目的就是为了便捷，要求提把具有较高的承重性与安全性。同时，为了利于消费者的购物需求，手提纸盒还要满足携带合理、简洁、不妨碍保管和堆叠、成本低、易拿等特点。为了增强稳固性，手提纸盒一般采用插折结构而不是粘贴（图4-2-33）。

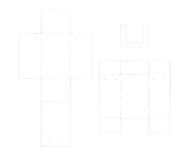

图4-2-33

该包装体现着一种"力"的质感，与产品本身过硬的品质保证产生共鸣

6. 展开式纸盒

展开式纸盒可在其内部空间内增加隔板并根据产品置入部位的周长打孔，装配时底部悬空，置入产品后能够增强产品在携带过程中的避震性能。具有隔板结构的纸盒主要的目的是保护商品，隔板架能够把一些易碎商品隔开从而实现这一主要目的。割开壁板，商品拿取方便，可以直接展示（图4-2-34）。

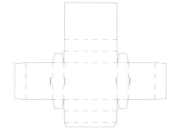

图4-2-34

包装的展示效果极强，且取放产品方便，最大限度地发挥了展开式纸盒的特点

第五章　系列化包装设计

第一节　系列化包装设计的产生

在中国，系列化包装风起于 20 世纪 80 年代，其实际出现于 20 世纪 50 年代的西方国家，并于 70 年代后期风靡于欧美。

"二战"结束后，商品社会发展的势头迅猛，市场竞争白热化。品种繁多、使人眼花缭乱的各类产品角逐于消费市场，而优胜劣汰的市场游戏规则则分分秒秒地考验着商家推陈出新的能力。尤其是伴随超级市场同时出现的各类集团公司、跨国公司，商家为了着眼于树立企业群体产品的整体形象及良好的商业信誉和口碑并提高竞争能力，均把商品的系列化包装设计作为营销其品牌战略的重要手段。以系列化包装形式出现的商品能够做到完美协调"硬币的两面"，即更为有效地吸引消费者眼球的"面积"及扩展商品在货架上的"面积"。因此，系列化包装便成为现代企业包装发展的主要趋向。

第二节　系列化包装设计的作用

包装设计中的系列化表现是指通过局部色彩、图形文字及造型的变化做整体统一的设计。它通过产品的某种共性特征将同一品牌下的系列产品及内容相互关联的产品整合为一，使之形成"家族式"的系列化，并使消费者对其品牌一目了然，从而强化了产品品牌形象，使人过目不忘（图 5-2-1）。

系列化包装延伸了企业文化内涵并突出了企业品牌形象，同时，其鲜明的个性及较强的宣传力度也促进了销量的增长。消费者只要对商家系列商品中的某一个体产生兴趣便会对其整体系列记忆犹新，如果系列产品中的某件商品得到了消费者的认可，那么优秀的整体品牌形象及口碑就会树立在消费者的心中，如同硬币的两面，反之也会造成消费者对整个系列产品失去信心。这就要求企业在不断提高产品质量的同时，还要不断地创新设计，使产品更具专业化的品质。

图5-2-1
该系列产品包装形态、品牌形象均深入人心

第三节　系列化包装设计的表现

在包装中，视觉传达要素的设计相对独立于整体。运用变化的文字内容及精巧的排列组合并配合协调的色彩、风格类似且手法相近的图案，就可达到丰富多彩且整体和谐统一的系列包装效果。

一、文字的系列化表现

由于产品许多信息内容均用文字详细准确的表达，而且文字对于产品的内容说明及其统一的形象起着不可替代的作用，因此，统一的文字排列组合形式和文字式样的选择，便成为系列化包装设计的一项重要内容。

包装设计中的文字包括品牌名称与说明文字两部分。品牌名称又称商标名称，其字数相对较少，并以醒目的视觉效果置于包装主展示面的重要位置；说明文字包括商品名称、批号、容量、生产日期、使用方法等，不宜采用多样式的字体形态，应使用标准的、识别性较强的字体为主。总之，文字的设计要围绕产品的属性、特点及企业的背景文化构思，针对不同的包装对象设计出适合的字体形式（图5-3-1至图5-3-3）。

图5-3-1

设计样式各具特色且色彩不同的英文字母标志
很好地完成了对系列产品的分类

图5-3-2

色彩丰富、趣味性十足的卡通图案突出
了每款产品的特性

图5-3-3

通过增强或减弱同一说明性字体的透明度以及采用阿拉伯数字不同字体的造型设计来突出产品的系列感

二、图形的系列化表现

在系列化包装设计中图形是其表现方式的重要元素之一，并与文字设计要素互补，从而共同为视觉传达的设计任务服务。图形要素在系列化包装设计中的特点是较为直观且视觉冲击力强烈。它既丰富了包装设计的整体视觉效果，又体现其内在的某种张力，使消费者印象深刻且过目不忘。

在具体的设计过程中，要注重构图的比例及位置，其形象既要一目了然又不能反客为主。图像的色调要和谐，其相关产品之间的色彩比例同样要协调。图片可比例调整，放大或剪裁至人的舒适视觉大小，并形成一幅幅连续、扩展的画面，最终达到给消费者带来较强的感染力的视觉效果（图5-3-4至图5-3-7）。

图5-3-4

该系列产品包装采用统一的"通缉令"式图案设计

图5-3-5

包装的整体色彩及文字简洁大方，系列产品采用不同的写实性图案强调其功能性

新农哥
悦优系列化包装

图5-3-6

产品的系列包装设计整齐划一，唯一突出并区分不同类别的设计元素来自于恰到好处的写实性图案

图5-3-7

该系列中的每一件单体商品的包装均以不同的商业绘画人物造型为基础

三、色彩的系列化表现

在系列化包装设计中同样存在着另一种重要的表现手段——色彩。在众多视觉要素中，色彩相比文字、图形更能够给人留下直接且强烈的视觉效果。色彩可以反映商品的类别、品牌。在商标、画面的构成形式及商品的外形得到有效统一后，设计师还可通过调整色调和色彩搭配实现统一中的富有鲜明个性的色彩变化，使系列商品的视觉效果韵味十足（图5-3-8、图5-3-9）。

图5-3-8

镂空的说明性文字设计

图5-3-9

写实性图形设计并采用与产品本身相一
致的外包装色彩

　　为了确保包装整体色调的协调统一，在色相上可采用临近色或同类色。如果色彩差距过于明显、对比过强，在未经调和的情况下会使消费者感到混乱无序。相同色相、不同纯度和明度的色彩调和可以产生循序渐进的视觉效果。在明度及纯度的变化把握上，应采取弥补同类色相单调感的方法。当然，在明度的把握上要尽量体现设计的一致性，达到个体之间的协调。如红、黄、蓝三原色明度差别较大，这就需要提高或降低单体产品设计的明度，减小反差，从而提高整体和谐统一的视觉效果。在纯度关系上做到纯度高低的和谐统一，尽其可能达到协调的视觉效果。设计师应主动调研并对比市场中竞争对手的包装样式。如果同类产品其他品牌均使用纯度较高、对比色彩强烈的设计元素，那么设计师应采用一种清新、简约的色彩风格，以及对比和谐的系列包装设计，从而赢得消费者的青睐。

四、材料的系列化表现

　　从审美的角度讲，包装材料的选择与使用同样起着至关重要的作用。符合审美要求的包装设计从某种程度上讲可以促进产品的销售。同样，包装材料的选择决定着包装设计造型的立体化表现。随着社会的进步、科技的迅猛发展以及人们对于物质文化和精神需求的日益提高，商品的包装设计对于新型包装材料与技术开发的要求也越来越高。当然，这些进步也为产品的系列化包装提供了展示其自身优点的平台。包装的每一个展示面的平面处理与立体造型均需要与包装材料融为一体。因此，材料本身的材质美的体现会直接影响到包装的系列化表现。

　　包装材料包括自然材料和人工材料。自然材料包括棕叶（箬叶）、竹筒、藤条、皮革、麻等，金属、玻璃、塑料、纸制材料等属于人工材料。这些材料本身都有其独特的美感。如果将人工材料与自然材料相互搭配，不仅可以使消费者体验到自然与人性化色彩相结合的审美快感，同时也体会到自然与人类社会和谐统一的美。不同材质的肌理所呈现出来的材质美有很大的区别。比如粗细、软硬、凹凸等可以通过触觉感知，而皮革、木纹、石纹等各种纹理通过视觉就可辨识。在设计的立体化造型中，这两方面需要同时引起关注。将合适的材质肌理恰到好处地运用于设计之中会令包装造型独具风采。例如，多面透明玻璃可呈现晶莹剔透的梦幻感，磨砂的质地与朦胧感不谋而合，粗糙的质地使人倍感质朴、亲切，等等。而包装材料上采用组合、重叠、透明等设计处理方式，并与独特的造型结构巧妙结合，能够使包装的表面产生丰富多彩、活灵活现的视觉效果，进而体现包装设计的整体审美价值（图5-3-10至图5-3-17）。

图5-3-10

该系列产品的包装采用麻、牛皮纸、纸盒等自然与人工材料的搭配并结合独特的造型设计

图5-3-11

产品系列包装采用玻璃材料

图5-3-12

玻璃材料与降脂材料的选用各具针对性

图5-3-13

典雅的瓶身设计搭配树脂、玻璃、木制及金属瓶盖的包装材料体现了产品的天然特性及高贵的品质

图5-3-14

该系列包装采用金属、木制、塑料材料与镂空的造型设计

图5-3-15

玻璃与塑料材料的镂空设计简洁清爽

图5-3-16

玻璃纸材料对于产品的保鲜、保质起到很好的作用

图5-3-17

铝制包装材料再利用性强

五、造型的系列化表现

包装造型是一种直接与消费者交流的语言，运用美学法则中的点、线、面、体等设计要素的构成规律对包装的立体外观进行艺术设计。包装造型设计的实用价值和形式美形成标志性的语言符号，深入人心。同一品牌的系列商品包装造型要求其无论在平面视觉效果还是风格上都要做到和谐统一，而其系列内的各类产品应适当追求单体包装造型的轻度变化并求得包装造型风格的多种多样，从而能够呈现出富有一定变化的立体美感效果（图5-3-18至图5-3-24）。

图5-3-18

异型瓶身设计强调人体工程学的利用及适用性

图5-3-19

瓶身的造型变化适用于具有不同性质的产品

图5-3-20

图案不同的创意式卡通插画设计与产品
不同的包装造型结合

图5-3-21

利用产品主体标志在包装上的不同位置安排
和不同的几何造型来设计包装

图5-3-22

按照产品的适用范围设计包装造型在系列化
妆品的包装设计中必不可少

图5-3-23

类似积木与拼图的造型设计

图5-3-24

针对不同食品饮料的表现形态强调包装造型的独立性

第六章　包装设计项目实践

第一节　文创产品包装设计

商品化的今天，文创产品除了要满足功能所需，还应对文化与艺术有所传承。文创产品正以越来越重要的位置丰富着我们的生活，得到社会各界的关注。好的文创产品的包装设计要与产品相匹配，包括设计风格与产品展示，以及包装材质。包装设计要起到促进商品销售的作用，并能在商品流通过程中更好地保护商品。值得注意的是，文创产品的包装设计使商品在竞争中脱颖而出，是塑造品牌形象的一种途径。在打造品牌形象时，产品包装率先进入消费者的视野，因此，包装的设计对于产品的销售非常重要。产品包装设计包含视觉包装和心理包装，包装设计绝不仅仅是机械地将包装做出来，而要得到消费者视觉和心理的双重认同。对于文创产品包装设计而言，不能一味地迎合消费者的喜好，应该反映品牌的风格形象特征。同样，包装设计也一直跟随着市场变化的脚步，各大品牌纷纷尝试将更多的创新与附加价值引入自身的产品包装设计之中，寻找品牌发展的突破。

一、数字包装印刷

数字包装印刷技术在当今社会的应用已经非常普及，文创产品包装设计也同样普遍利用数字印刷进行包装的设计与生产。产品的包装设计方法可以通过以下两种方式实现，当然关于包装设计的具体方法还有很多，这里就不赘述。

1. 产品展示法

产品展示法是一种最常见的、运用十分广泛的方法。由于这种手法是直接将产品推向消费者面前，因此可以迅速建立消费者对产品的亲切感和信任感。在具体设计时，应着力突出品牌和产品本身最容易打动人心的部分，要十分注意画面的排版组合和展示角度，字体的大小与样式要与产品风格和画面组合相匹配，还可以运用背景和色光烘托，使产品更具感染力与视觉冲击力。

2. 突出特征法

突出特征法是产品包装鲜明地表现出产品或主题本身的突出特征，彰显与众不同的品质。在包装设计时，要将这些特征置于画面的主要视觉部位，使消费者直观地感受到产品的特征，并产生兴趣，达到刺激消费欲望的商业目的。在包装设计表现中，抓住个性产品形象、特殊功能、标志等要素来设计，并着力加以突出和渲染是比较常见的设计方法。突出特征的手法是包装设计中突出广告主题的重要手法之一，运用得十分普遍，有着不可低估的表现力。

二、绿色环保生态化包装

随着现代社会的不断进步，人们的环保意识不断提升，社会大众的环保意识越来越强，绿色环保产品包装逐渐被社会青睐，有着很大的发展潜力。在这种时代背景下，可重复使用的绿色环保包装将会成为影响消费者购买行为的重要因素。因此，文创产品包装设计应充分重视此因素对于品牌竞争力与营销战略的影响。顺应时代发展的文创产品包装设计，应该在考虑产品固有的功能的展示外，充分发挥产品包装的可持续利用潜力，延长产品包装的使用周期，这将有助于文创产品品牌的形象塑造和影响力的拓展（如图6-1-1、图6-1-2）。

 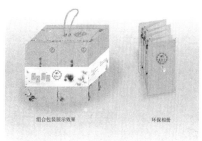

图6-1-1 文创产品包装　　　　　图6-1-2 环保包装设计

三、多层面包装设计

多层面包装设计是综合多方面因素，从多角度、多层面考虑进行产品的包装设计，这也是为了适应越来越激烈的文化创意市场竞争，通过多方面因素的共同配合建立起品牌的核心竞争力。

四、包装材料

包装材料是指用于制造产品配套包的材料，需要满足包装容器、包装装潢、包装运输等要求，它既包括金属、玻璃、塑料、纸、陶瓷、竹本、天然纤维、化学纤维、复合材料等主材料，又包括辅助材料，如捆扎带、装潢、印刷材料等。

塑料包装材料是最为常见的包装材料，广泛应用于各类产品的包装之中，如撕裂膜、PET打包带、封箱胶带、PP打包带、中空板、缠绕膜、热收缩膜、塑料膜等。纸包装材料常用的有纸袋纸、蜂窝纸、蜂窝纸板、干燥剂包装纸、牛皮纸、蜂窝纸芯等。

复合类软包装材料有软包装、铁芯线、镀铝膜、真空镀铝纸、铝箔复合膜、复合纸、复合膜、BOPP等。

陶瓷包装即为各种陶瓷材质的包装，如比较常见的陶瓷酒瓶等。

金属包装材料有些为包装辅助材料，如打包扣、桶箍、马口铁铝箔、PTP铝箔钢带、泡罩铝、铝板等。

木质包装材料因其坚固性与韧性常被用于易碎品或较为强调品质感的产品包装，如陶瓷产品的包装常用木质的包装材料。

玻璃包装材料有玻璃瓶、玻璃盒、玻璃罐等。

随着时代的发展，包装的形式与材料不断地推陈出新，倾向于更便捷、更环保的发展方向。

五、生产厂商选择

1. 沟通流程

产品包装制作应与生产厂商专业人员充分沟通，确定印刷数量、纸张类型、纸张克数、印刷工艺、制作周期等问题。

2. 质量把关

通过打样检验控制产品质量，确定生产能力与印刷条件。

第二节 非遗类文创产品包装设计

一、对虎头鞋帽非遗手工技艺的调研

1. 与虎文化相关的民俗工艺品

在民间，虎一直被老百姓崇拜，因之象征着勇猛、威严。深受老百姓喜爱的虎文化有着多方面的艺术表现形式。

民间剪纸，是一种镂空艺术，它与中国农村的节日习俗有着密切的关系，常被人们贴在墙上、窗上等。它虽然是一个以纸和剪刀这两个极常见的工具及材料进行创作的艺术，却总能给人带来不一样的惊喜。为了使剪纸中的虎如同现实中的虎一样有力量感，人们通常会在剪纸中加入一些富有装饰性的纹样，希望通过这些造型夸张、凶猛的虎以寄托祈福消灾的美好愿望。

由民间艺人即兴创作而成的布老虎是最早的布艺玩具的代表，其充分地表现出了老百姓的智慧。同时，人们把虎看作无所畏惧的神，人们一针一线缝制老虎玩具，传递满满的爱。

儿童虎饰，作为民间虎俗信仰的一种物质载体，相传已有数千年历史。这一民间技艺在各地区有不同的审美与艺术表现形式。很多人在小的时候都使用过带有虎形饰品，主要包括虎头鞋、虎头帽、虎肚兜、布老虎等。

2. 虎头鞋帽

虎头鞋、虎头帽的制作工艺非常丰富且复杂，它是一种民间常见的儿童鞋帽样式，由于鞋头和帽子都是虎头的形象，因此得名虎头鞋、虎头帽。在中国，虎头鞋帽一直被作为吉祥物，历史悠久，具有驱鬼辟邪的寓意，可为小孩儿壮胆、辟邪，也有祝愿、祈福小孩儿长命百岁之意。

调研虎头鞋帽这项非遗工艺品，与非遗传承人进行了面对面的交流与学习。据非遗传承人马巨老师讲述，她从 4 岁半就跟随祖母学习制作虎头鞋帽，她的手工技艺是来自家族的传承。她祖母的母亲是晚清时期宫廷绣女，因此制作的虎头鞋虎头帽都带有清朝官廷的样式，讲究颇多，非常精致。随着时间的推移，虎头器工艺品在刺绣的基础上逐渐加入了钉、珠、亮片等现代装饰元素，但这项手工技艺的形成基础——虎脸图案并没有太大的改变（如图 6-2-1 至图 6-2-4）。

图6-2-1 虎头鞋1

图6-2-2 虎头鞋2

图6-2-3 虎头鞋3

图6-2-4 虎头鞋4

二、虎文化图形元素的提取

以继承和创新传统文化为目的，对虎头鞋帽的文化内涵进行挖掘，并对其相关工艺品进行图形元素的解构以及提炼。非遗虎头鞋帽中，较为常见的有葫芦鼻、桃子鼻、斗眼、鱼眼、元宝嘴等元素，每个元素都有美好的寓意与寄托。鞋身、帽身部分的布料上也会有吉祥纹样，例如鸡冠花纹，寓意着官上加官等。

三、虎文化图形的创意重构

根据以上提取的图案元素，依照福、禄、寿、喜、富、贵、康、宁 8 个吉祥概念进行了图形重构，创作出全新的虎头装饰图案"寿虎""福虎""禄虎""喜虎""富虎""贵虎""康虎""宁虎"。"福虎"的含义是五福临门，虎脸上有梅花（梅有五瓣象征福）、蝙蝠（驱邪避祸，与福字谐音）、葫芦（福在眼前）、葫叶等元素代表着多福。虎的五官眼为"斗眼"，寓意有斗气和朝气；鼻为"葫芦鼻"；嘴为"元宝嘴"（如图 6-2-5、图 6-2-6）。

图6-2-5 虎头帽1　　　　　　　　　　图6-2-6 虎头帽2

"禄虎"的含义是喜报三元,虎耳部有喜鹊(报喜的吉鸟)、桂圆(三个桂圆寓意三元)、脸部有鸡冠花(与官同音,官上加官),这些元素都代表了多禄。虎的五官,眼为"梅花鱼眼",鼻为"寿桃鼻",嘴为"元宝嘴"。

"寿虎"的含义是龟鹤齐龄,虎额头上的一龟一鹤寓高寿之意。耳部纹样为寿桃纹,象征长寿,寿桃纹连接着回形纹寓意生命无限延长。这些元素都代表着多寿。虎的五官,眼为"桃子鱼眼",鼻为"寿桃鼻",嘴为"元宝嘴"。

"喜虎"的含义是并蒂莲心多子多福。佛手(象征母亲)包围着石榴(多子,象征孩子),石榴叶又围住了佛手,表达孩子与母亲相互的守护。虎脸部有并蒂莲及莲蓬,寓意"连生贵子"。虎的五官,眼为"鱼眼虎身",鼻为"寿桃鼻",嘴为"元宝嘴"。

"富虎"的含义是富贵万代。虎头部有聚宝盆、蟾绘,代表护家宅、降吉祥,寓意聚财虎。两腮为连串铜钱图案,寓意富贵连连、财源滚滚。牡丹花象征富贵荣华。虎的五官,嘴中有鱼,寓意富贵有余。眼为"斗眼",鼻为"寿桃鼻",嘴为"元宝嘴"。

"贵虎"的含义是冰壸玉壶。虎头主要由莲花和梅花组成。莲为君子之花,寓意崇尚高洁;梅有四德,初生蕊为元,开花为亨,结子为利,成熟为贞,梅花象征吉庆。嘴为"元宝嘴",藻纹象征洁净。虎的五官,眼为"梅花鱼眼",鼻为"寿桃鼻"。

"康虎"的含义是吉祥如意。虎脸上的如意纹表达了吉祥;象纹代表景象喜人,象征和平美好;龙纹象征前进向上;虎纹象征勇气和胆魄,祛秽避邪,保佑安康。虎的五官,眼为"鱼眼",鼻为"寿桃鼻",嘴为"元宝嘴"。

"宁虎"的含义是安居乐业。虎脸上有五毒图案,分别是虎(整个头部)、蟾(嘴)、蛇(额头)、蜈蚣(两腮)、蝎子(耳和鼻)。此五物可以赶走噩梦,保障安宁。鹤形图案象征平安。此图案常被用于双头虎枕。虎的五官,眼为"斗眼",嘴为"元宝嘴",与蟾蛛的嘴合为一体。

四、"虎说八到"文创产品的开发应用

将上述8个吉祥寓意总结成了"虎说八到"的概念。非遗文化与文化创新结合赋予了非遗文化新的活力与生命。在文创产品的应用上,根据网络数据调查,按人们的生活需求设计开发了以下文创产品。

1. 一次性口罩

如今，口罩已成为日常必需品。口罩虽然起到了阻隔病菌的作用，却也将人的面孔和表情隐藏起来，制造了一种距离感。在满足实用性的基础上，用虎头图案赋予口罩新的面貌。

2. 手账本和纸胶带

近年，手账本和纸胶带热潮不断升温，是各大文创品牌必备的主销产品，福、禄、寿、喜、富、贵、康、宁的吉祥寓意赋予了每个本子不同的含义，比如"福"本可以将每日感到幸福的小事记录下来；"富"本可以进行日常开销的收支记录；"康"本可以收录健康信息，运动打卡等。虎头图案的纸胶带，可以美化和丰富手账本的内容与画面。也可以通过纸胶带上的花样进行创意拼贴画，是比较受年轻人喜爱的一款文具。"虎说八到"还有同系列的折扇、水杯、明信片、抱枕等。

五、用"文创产品"包装"文创产品"——"虎说八到"系列文创产品的包装设计

选择了帆布袋作为系列文创产品的包装。帆布袋能延续虎头鞋帽的布艺属性，能容纳多个不同尺寸、不同规格的文创产品。同时，帆布袋本身也是一款常见的文创产品，能长久使用，在环保家居生活用品中有较高的使用率，非常有利于非遗文化的传播。帆布袋保留了虎脸轮廓作为外形，赋予了包装与众不同的个性特征，同时加深了消费者对"虎说八到"主体视觉图案的印象。传统虎头鞋帽的精髓结合现代印染加工技术，被浓墨重彩勾勒的图案拥有极强的视觉表现力。

六、结论

在创作初期，作者采取走访调研的方式深入了解非遗虎头鞋帽这一传统手工技艺，通过和非遗传承人沟通交流，许多没有文字记载，仅能口传心授的文化知识被记录下来，为后续的创作提供了源源不断的灵感，所以这个过程至关重要。

非遗文化图形的提取与创新成为非遗文化在文创产品应用中的关键。提取是对文化的继承，创新是应用载体的转换，非遗文化若想在当今社会再次落地生根，不能简单地复制老式产品，还要和当代人的生活需求紧密相连。

随着中国文创产业的不断发展，越来越多的本土文化将通过这种方式渐渐地回归到大家的视野中，最终用文化丰福人们的生活。

第三节　其他文创产品包装设计

一、盘结芳华文创产品案例

旗袍是闻名世界的中国传统服饰，深受中国女性喜爱。其中，盘扣是旗袍的一大亮点。盘扣，发源于古老的"绳结"，经过历代的发展，获得了中国最美扣子的美誉。它不仅兼具实用与装饰性，且取材内容寓意丰富，形态优美、变化多样。盘扣以其细腻、婉约的手工扦边和独具美感的盘花扣，已经成为中国非物质文化遗产的一部分。盘扣的扭转迂回表现出中国传统文化中一丝不苟的自我涵养诉求，精巧的盘扣中更蕴含古典审美对精致的追求。盘结芳华正是以传统盘扣为设计元素开发设计的一系列文创产品（如图6-3-1）。

图6-3-1　盘扣包装设计

二、唐派京剧戏曲文创

京剧是中国传统戏曲文化的代表，唐派京剧是其中独树一帜的一支。此套文创作品就是以唐派京剧为设计主题进行的相关文创开发。

文创的切入点是了解唐派京剧的戏曲文化，然后将这些文化转化为日常使用的产品。设计者针对年轻人与戏曲接触较少的问题，将戏曲元素带到日常生活用品之中，希望更多的人能够了解唐派京剧的特点、韵味、文化，将唐派京剧更好地传承下去。

根据戏曲剧目中具有代表性的篇章，比如《未央宫》，挑出其有代表性的人物形象进行几何化设计，更容易被现代年轻人接受。在人物造型上参考具有代表性的舞台服饰及动作，设计成适用于当今社会需求与审美的产品，拉近传统文化与社会大众的距离，走进大众生活，起到文化传承的作用（如图6-3-2、图6-3-3）。

图6-3-2　京剧元素包装

图6-3-3　京剧脸谱包装

第七章　作品欣赏

图7-1 砂锅纸盒包装

图7-2 芝麻糖包装

图7-3 稻香村食品包装

图7-4 香辣鸡翅包装

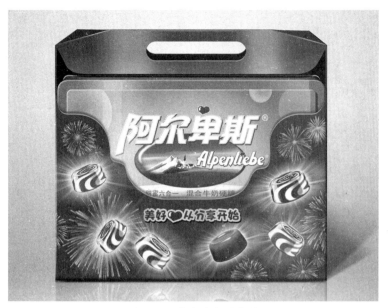

图7-5 阿尔卑斯糖果包装

图7-6 水果包装

图7-7 食品包装盒

图7-8 袋装松子

图7-9 雀巢咖啡袋装

图7-10 月饼包装

参 考 文 献

[1] 王安霞.产品包装设计 [M].南京：东南大学出版社，2009.

[2] 赫荣定，张蔚，周胜编.包装设计 [M].北京：电子工业出版社，2010.

[3] 庞博，包装设计 [M].北京：化学工业出版社，2016.

[4] 罗祥骥.世界包装标准大全 [M].北京：航空工业出版社，1993.

[5] 高中羽.包装设计 [M].哈尔滨：黑龙江美术出版社，1996.

[6] 冯黎明.技术文明语境中的现代主义艺术 [M].北京.中国社会科学出版社，2003.

[7] 金银河.包装印刷技术 [M].北京：中国纺织出版社，2003.

[8] 达理尔·特拉维斯.情感品牌 [M].北京：新华出版社，2003.

[9] 黄俊彦.现代商品包装技术 [M].北京：化学工业出版社，2004.

[10] 刘国靖.中国包装标准目录 [M].北京：中国标准出版社，2004.

[11] 赵秀萍，等.现代包装设计与印刷 [M].北京：化学工业出版社，2004.

[12] 萧多皆.纸盒包装结构设计指南 [M].沈阳：辽宁美术出版社，2004.

[13] 赵农.中国艺术设计史 [M].西安：陕西人民美术出版社，2004.

[14] 张绍勋.中国印刷史话 [M].北京：商务印书馆，2004.

[15] 左旭初.中国商标史话 [M].天津：百花文艺出版社，2005.

[16] 黄耀文.定量包装商品计量监督管理办法 [M].北京：中国计量出版社，2005.

[17] 杨庆峰.技术现象学初探 [M].上海：上海三联书店，2005.

[18] 白世贞.商品包装学 [M].北京：中国物资出版社，2006.

[19] 柳林.包装与装潢设计 [M].武汉：华中科技大学出版社，2007.

[20] 陈瞻.包装设计 [M].上海：东华大学出版社，2010.

[21] 孟祥斌.商品包装设计 [M].沈阳：辽宁科学技术出版社，2009.